普通高等学校“十四五”规划
药学类专业特色教材

供药学、药物制剂、临床药学、制药工程、中药学、医药营销及相关专业使用

物理化学实验

主　编　李文戈　魏泽英

副主编　侯巧芝　张光辉　姚惠琴　王　宁

编　者　(以姓氏笔画为序)

王　宁　山西医科大学

史可人　宁夏大学

李文戈　蚌埠医学院

李晓飞　河南中医药大学

张仕禄　川北医学院

张光辉　陕西中医药大学

武丽萍　陆军军医大学

罗杰伟　川北医学院

赵　波　川北医学院

侯巧芝　黄河科技学院

姚惠琴　宁夏医科大学

高　慧　云南中医药大学

童　静　蚌埠医学院

满雪玉　遵义医科大学

魏泽英　云南中医药大学

華中科技大學出版社
http://www.hustp.com
中国·武汉

内容简介

本书为普通高等学校“十四五”规划药学类专业特色教材。

本书共分为两个部分。第一部分介绍物理化学实验常用测量技术；第二部分具体介绍了物理化学基础实验和综合性、设计性实验，共包括25个实验。附录部分收录了不同温度下水的物理性质（饱和蒸气压、表面张力、密度）、不同温度下一些液体的表面张力等内容。为帮助学生学习，实验部分还附有课件和部分操作微视频。

本书可供药学、药物制剂、临床药学、制药工程、中药学、医药营销及相关专业使用。

图书在版编目(CIP)数据

物理化学实验/李文戈，魏泽英主编．—武汉：华中科技大学出版社，2022.7
ISBN 978-7-5680-8401-7

Ⅰ．①物…　Ⅱ．①李…　②魏…　Ⅲ．①物理化学-化学实验-高等学校-教材　Ⅳ．①O64-33

中国版本图书馆CIP数据核字(2022)第117738号

物理化学实验　　李文戈　魏泽英　主编
Wuli Huaxue Shiyan

策划编辑：余　雯
责任编辑：曾奇峰
封面设计：原色设计
责任校对：曾　婷
责任监印：周治超
出版发行：华中科技大学出版社（中国・武汉）　电话：(027)81321913
武汉市东湖新技术开发区华工科技园　邮编：430223
录　排：华中科技大学惠友文印中心
印　刷：武汉开心印印刷有限公司
开　本：889mm×1194mm　1/16
印　张：8.25
字　数：229千字
版　次：2022年7月第1版第1次印刷
定　价：29.80元

华中出版

普通高等学校“十四五”规划药学类专业特色教材
编委会

网络增值服务使用说明

欢迎使用华中科技大学出版社医学资源网yixue.hustp.com

1.教师使用流程

（1）登录网址：http://yixue.hustp.com（注册时请选择教师用户）

注册 → 登录 → 完善个人信息 → 等待审核

（2）审核通过后，您可以在网站使用以下功能：

2.学员使用流程

建议学员在PC端完成注册、登录、完善个人信息的操作。

（1）PC端学员操作步骤

①登录网址：http://yixue.hustp.com（注册时请选择普通用户）

注册 → 登录 → 完善个人信息

②查看课程资源

如有学习码，请在个人中心-学习码验证中先验证，再进行操作。

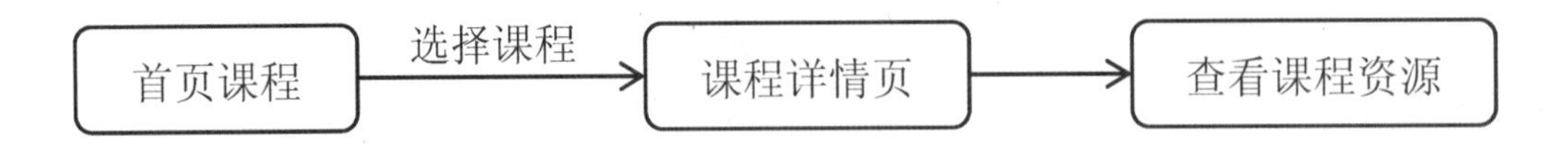

（2）手机端扫码操作步骤

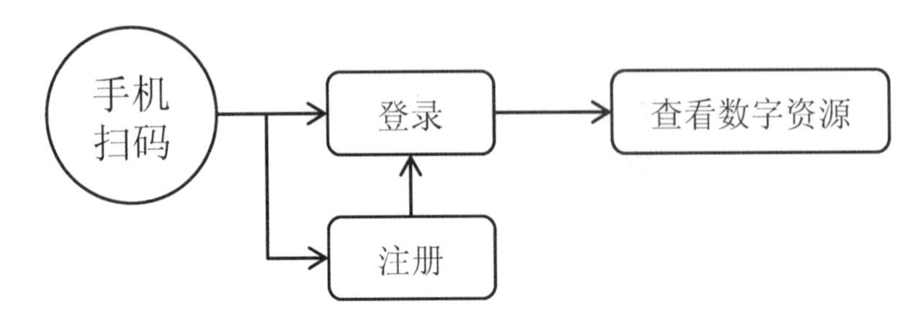

总序

Zongxu

教育部《关于加快建设高水平本科教育 全面提高人才培养能力的意见》（"新时代高教 40 条"）文件强调要深化教学改革，坚持以学生发展为中心，通过教学改革促进学习革命，构建线上线下相结合的教学模式，对我国高等药学教育和药学专业人才的培养提出了更高的目标和要求。我国高等药学类专业教育进入了一个新的时期，对教学、产业、技术融合发展的要求越来越高，强调进一步推动人才培养，实现面向世界、面向未来的创新型人才培养。

为了更好地适应新形势下人才培养的需求，按照《中国教育现代化 2035》《中医药发展战略规划纲要（2016—2030 年）》以及党的十九大报告等文件精神要求，进一步出版高质量教材，加强教材建设，充分发挥教材在提高人才培养质量中的基础性作用，培养合格的药学专业人才和具有可持续发展能力的高素质技能型复合人才。在充分调研和分析论证的基础上，我们组织了全国 70 余所高等医药院校的近 300 位老师编写了这套教材，并得到了参编院校的大力支持。

本套教材充分反映了各院校的教学改革成果和研究成果，教材编写体例和内容均有所创新，在编写过程中重点突出以下特点。

（1）服务教学，明确学习目标，标识内容重难点。进一步熟悉教材相关专业培养目标和人才规格，明晰课程教学目标及要求，规避教与学中无法抓住重要知识点的弊端。

（2）案例引导，强调理论与实际相结合。进一步了解本课程学习领域的典型工作任务，科学设置章节，实现案例引导，增强学生自主学习和深入思考的能力。

（3）强调实用，适应就业、执业药师资格考试以及考研的需求。进一步转变教育观念，在教学内容上追求与时俱进，理论和实践紧密结合。

（4）纸数融合，激发兴趣，提高学习效率。建立"互联网＋"思维的教材编写理念，构建信息量丰富、学习手段灵活、学习方式多元的立体化教材，通过纸数融合提高学生个性化学习的效率和课堂的利用率。

（5）定位准确，与时俱进。与国际接轨，紧跟药学类专业人才培养，体现当代教育。

（6）版式精美，品质优良。

本套教材得到了专家和领导的大力支持与高度关注，适应当下药学专业学生的文化基础和学习特点，具有趣味性、可读性和简约性。我们衷心希望这套教材能在相关课程的教学中发

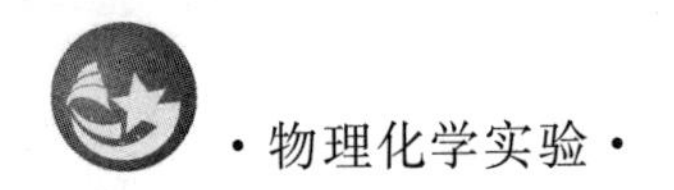

挥积极作用，并得到读者的青睐；我们也相信这套教材在使用过程中，通过教学实践的检验和实际问题的解决，能不断得到改进、完善和提高。

普通高等学校“十四五”规划药学类专业特色教材
编委会

前言

Qianyan

物理化学实验是物理化学课程的重要组成部分，借助化学中相关的物理方法，使学生理解和掌握物理化学的基本概念和基本原理。通过实验，学生可掌握物理化学实验的基本操作和技能，熟悉物理化学常用实验仪器的正确使用方法，并可利用物理化学方法设计和改进实验，培养学生独立思考问题、分析问题和解决问题的能力，增强学生的创新意识和创新能力，为后继专业课程的学习打下良好的实验基础。

目前国内出版的物理化学实验教材已有众多版本，但这些教材大多供综合性大学化学类或近化学类专业使用。随着科学技术的进步，新的实验仪器和数字资源在物理化学实验教学中不断应用，物理化学实验教材要与时俱进。为了满足高等学校药学专业、药物分析专业、生物与制药专业和制药工程等医药专业对物理化学实验教学的新需求，华中科技大学出版社组织国内医药院校具有高学历的一线教师编写了这本新颖的《物理化学实验》教材。在武汉召开的《物理化学实验》教材编写会上，与会代表对编写大纲和编写细则进行了激烈、认真的讨论，并达成共识，拟定了编写大纲和编写体例。实验内容体现医药专业的物理化学实验的特点，内容深浅适宜，满足药学类等相关专业学生对物理化学实验教学的需求；论述严谨，语言流畅简洁，层次分明，图文并茂；实验设计循序渐进，体现了知识体系的连贯性、综合性和创新性。

本教材精选基础实验，增加综合性、设计性实验，实验内容体现医药专业物理化学实验的特点，在培养学生基本物理化学实验技能的同时，注重培养学生的创新思维能力。

本教材的编写采用板块结构，有助于教师灵活组织教学内容，内容分为物理化学实验常用测量技术和物理化学实验。实验内容附有 PPT、操作微视频，体现了实验内容纸质和数字的立体化整合。参加本教材编写的教师有蚌埠医学院李文戈和童静，云南中医药大学魏泽英和高慧，山西医科大学王宁，黄河科技学院侯巧芝，宁夏医科大学姚惠琴，陕西中医药大学张光辉，河南中医药大学李晓飞，陆军军医大学武丽萍，川北医学院罗杰伟、张仕禄和赵波，宁夏大学史可人，遵义医科大学满雪玉。编写期间教师们遇到了许多问题和困难，得到了华中科技大学出版社余雯编辑的细致协调和耐心指导，部分数字资源内容得到了蚌埠医学院王珊老师的支持，最终顺利完成书稿。

由于编者水平有限，书中缺点、错误在所难免，恳请读者批评指正。

编　者

目录

Mulu

第一部分　物理化学实验常用测量技术

第二部分　物理化学实验

·第一部分·

物理化学实验常用测量技术

项目一　气压的测量

气压与人类生存密切相关，在生活、生产、科学研究中，常常要考虑气压的影响，如人在高海拔地区可能会有高原反应，气压改变时液体的沸点随之改变。又如，气压变化可用于预测天气的变化，气压高时天气晴朗，气压降低时，可能有下雨天气出现；气压改变可用于测量高度，每升高 12 m，水银柱即降低大约 1 mm，因此可以通过气压值计算山的高度、飞机飞行时的高度等。

依据对精确度、测量范围、测量方法的不同要求，可以选用不同的压力计。下面介绍常用的水银气压计和 U 形管压力计。

一、水银气压计

玻璃管底部的水银槽用一个皮囊代替，并附有可以用于校准的象牙针指示水银面，这种气压计称为“福廷式水银气压计”，如图 1-1-1 所示。在玻璃管外面加上一个金属护套，套管上刻有量度水银柱高度的刻度尺。在水银槽顶装一根象牙针，针尖正好位于管外刻度尺的零点，另用皮囊作为水银槽底。使用时，轻转皮囊下的螺旋，使槽内水银面恰好与象牙针尖接触（即与刻度尺的零点在一条水平线上），然后由管上刻度尺读出水银柱的高度。此高度示数即为当时当地气压的大小。另外，还有无须调准象牙针的观测站用气压计、可测低气压山岳用的气压计，以及对船的摇动不敏感的航海用气压计等。

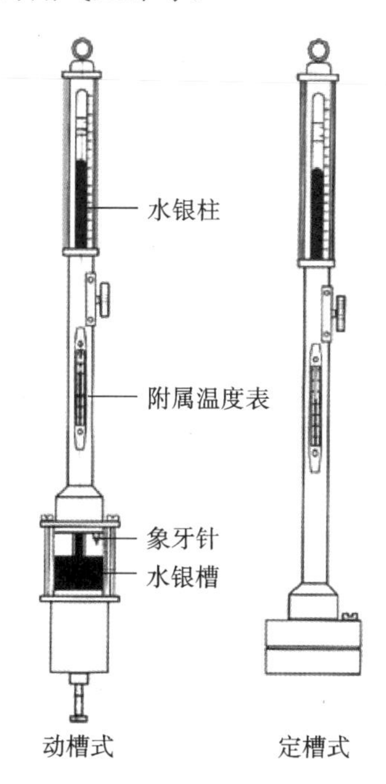

图 1-1-1　动槽、定槽式水银气压计

气压不同，支持的水银柱的高度不同，根据 $p=\rho_{水银}gh$，计算出的压强就等于气压。在仪器上通过水银面对准的刻度，就可以读出气压的大小。

二、U形管压力计

U形管压力计的结构如图1-1-2所示。它由玻璃管1和2形成U形结构,U形管中间装有刻度标尺,读数的零点在标尺的中央,管内充液体到零点处。管1通过接头与被测介质相接通,管2则通大气。当被测介质的压力 p_1 大于气压 p_2 时,管1中的工作液体液面下降,而管2中的工作液体液面上升,一直到两液面差的高度 h 产生的压力与被测压力相平衡时为止。

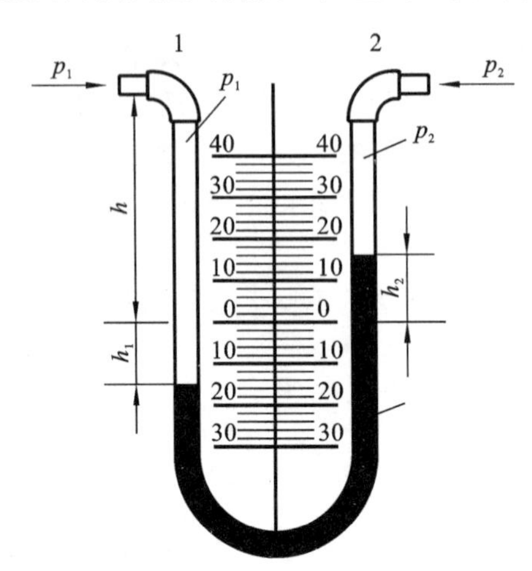

图1-1-2 U形管压力计的结构

在U形管压力计中很难保证两管的直径完全一致,因而在确定液柱高度 h 时,必须同时分别读出两管的液面高度,否则就可能造成较大的测量误差。

U形管压力计的测量范围一般为0~800 mmH_2O(或mmHg),精度为1级,可测表压、真空度、差压,还可用作校验流量计的标准差压计。其特点是零位刻度在刻度板中间,使用前无须调零,液柱高度须两次读数。

随着数字技术的发展,实验室中已经大量使用数字压力计。相较传统的压力计,数字压力计的使用方便得多。

(陕西中医药大学　张光辉)

项目二　温度的测量及温控技术

温度是系统的宏观性质，是对组成系统的大量微观粒子平均动能大小的一种量度，是描述热平衡系统冷热程度的物理量。物质的物理、化学变化都与温度有着密切的关联，因此准确地测量和控制温度，无论在科学研究还是在工业生产以及日常生活中，都具有十分重要的意义。

一、热力学温标

为方便使用和计量，需要建立统一的标准温度单位，也就是将温度按照一定规则标尺化，称为温标。温标主要有经验温标、热力学温标等，摄氏温标、华氏温标及国际实用温标均为经验温标。

热力学温标是基于热力学第二定律所建立的一种温标，根据卡诺循环和卡诺定理，工作于高温热源和低温热源之间的可逆热机，其效率只与温度有关而与热机的工作物质无关。1848年，英国物理学家开尔文(Kelvin)提出采用热力学温标，单位为K。分子完全停止任何形式的运动时的温度为绝对零度0 K，即－273.15 ℃；水的三相点温度为273.16 K。

二、温度计

温度计是测量温度的标准工具，当温度计与被测物体接触，最终达到热平衡时，温度计上显示的数值就是被测物体的温度。物理化学实验室常用的温度计有以下几种。

1. 水银温度计

水银温度计是最常见的温度测量工具，使用简便，准确度也较高，测温范围为－35～600 ℃(用于高温测量的水银温度计毛细管内充有高压惰性气体，以防水银汽化)。水银温度计的缺点是其读数易受许多因素影响从而引起一定的误差，在精确测量前必须加以校正。我国将在未来几年用高精度数字温度计取代水银温度计。

2. 贝克曼温度计

贝克曼温度计也是水银温度计，用于测温差，如图1-2-1所示，其最小刻度是0.01 ℃，可以估计读数到0.002 ℃。整个温度计的刻度范围一般是0～5 ℃或0～6 ℃，可借顶部储汞槽调节水银球中的汞量，用于测量介质温度在－20～155 ℃范围内不超过6 ℃的温差，故这种温度计特别适用于量热或测量溶液的凝固点下降、沸点上升，以及其他需要测量的微小温差。

使用放大镜可以提高读数精度，这时必须保持镜面与汞柱平行，并使汞柱水银弯液面处于放大镜中心，观察者的眼睛必须保持正确的高度，使液面的标线看起来是直线。当测量精确度要求较高时，对贝克曼温度计也要进行校正。

随着技术不断更新，贝克曼温度计已经逐渐被数字式精密电子温差测量仪所取代，精密电子温差测量仪主要原理是依靠温度传感器将温度信号转换为电信号，电信号经多级放大，经滤波处理和线性校正后，转化为数字信号，最终可在数显装置上读出，方便快捷、易于操作，具有更高的灵敏度和精确度。

3. 电阻温度计

某些金属或半导体的电阻随温度变化而变化，并且在一定温度区间内具有相对稳定的函数关系，利用这一特性，采用电阻元件连接电位差计等显示仪表可以制成电阻温度计。

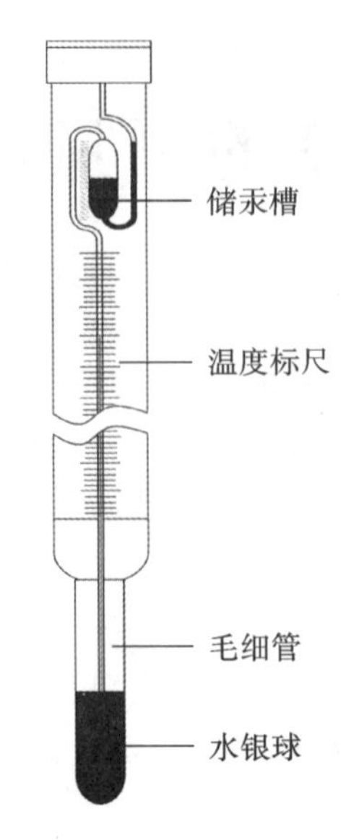

图 1-2-1　贝克曼温度计

电阻温度计可分为金属导体电阻温度计和半导体电阻温度计两大类。金属导体电阻温度计主要采用铂、镍、钨、铜、铁和铑铁合金等材料，目前常用的是铂、镍和铜；半导体电阻温度计主要采用碳、锗等材料。

使用电阻温度计时，一般将温度计插入待测介质中，通过测量温度计金属丝的电阻，得到相应的温度；特殊情况下也可将金属丝直接与待测物体相缠绕或直接装入待测物质中，极低温度下，可以将碳质小电阻或锗晶体装入密封管中，并充入惰性气体。

(1) 铂电阻温度计：铂电阻温度计具有精度高、稳定性好和耐氧化等特点，且铂具有较高的电阻率，是目前公认较好的一种热电阻材料。常用的铂电阻温度计的感温元件为铂丝绕成的线圈。基于铂丝的电阻随温度的变化有着很好的重现性，再加上铂的上述优点，因此铂电阻温度计被选定作为 13.8033～1234.93 K 国际实用温标的标准温度计。

(2) 热敏电阻温度计：该类型温度计利用铁、钴、镍、铜等金属的氧化物，按照一定比例混合熔接而制成热敏电阻材料，常做成圆珠状热敏电阻器，如图 1-2-2 所示。热敏电阻具有相对较大的负电阻温度系数，因而对温度的灵敏度比铂电阻等金属电阻高得多，同时由于半导体材料的电阻率比金属大得多，因而体积可以做得很小，可用于点温、表面温度以及快速变化温度的测量。但热敏电阻也存在一些如测量温度范围较窄，对强烈光照、压力、振动和瞬间电流变化比较敏感等缺点。

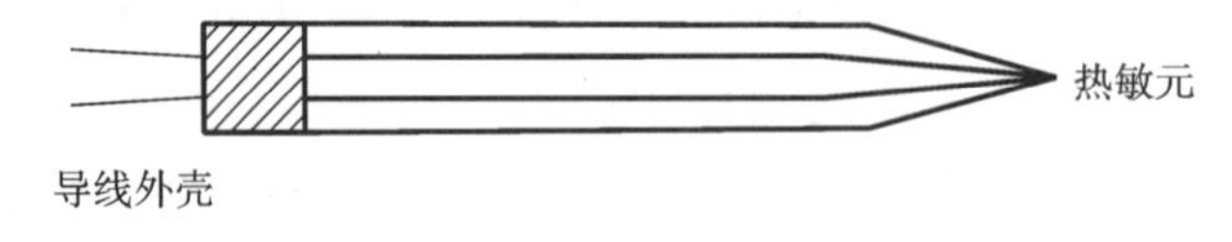

图 1-2-2　圆珠状热敏电阻器

4. 热电偶温度计

热电偶温度计是基于热电效应而研发的一种温度测量仪器，经过近一百年的发展已经衍生出三百多种类型，目前常用的有几十种。热电偶温度计具有结构简单、使用方便、测量范围宽、精确度高、性能稳定、复现性好等特点，已广泛用于科研和生产实践中。

(1) 热电效应：当两种不同的导体或半导体接触时，由于电子逸出电势和自由电子密度存在差异，会在两者之间产生一定的电势差，电势差的大小与两种材料的种类和实际温度有关。

如图 1-2-3 所示，若将两种不同材质的导体或半导体导线 A、B 连接成一个回路，则该回路必然同时具有两个连接点，当两个连接点的温度不同时，回路中就会相应产生不同的电势，此现象称为热电效应。图中的回路称为热电偶，A、B 两根导线称为热电偶的热电极，由于温差而产生的电势则称为热电势。

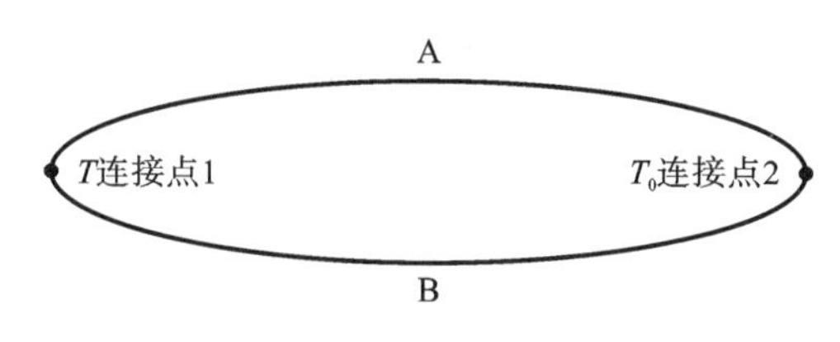

图 1-2-3 热电偶回路示意图

热电偶的两个连接点 1、2，分别称为工作端（热端）和参考端（冷端），温度分别为 T 和 T_0，则回路中的电势 $E_{AB}(T,T_0)$ 可以近似表示为两个连接点处接触电势 $E_{AB}(T)$ 和 $E_{AB}(T_0)$ 的差值，即

$$E_{AB}(T,T_0)=E_{AB}(T)-E_{AB}(T_0) \tag{1-2-1}$$

若参考端（冷端）的温度 T_0 保持恒定为一常数，则电势 $E_{AB}(T,T_0)$ 就只是工作端（热端）温度 T 的单值函数，即

$$E_{AB}(T,T_0)=f(T)-C \tag{1-2-2}$$

因此，根据式(1-2-2)就可以由各种不同热电偶的 E-T 函数关系，通过测量电位差进而求得被测介质的温度。

(2) 热电偶温度计类型及基本参数：选择热电偶电极材料，通常要符合以下条件：①热电性质稳定；②物理化学性质稳定，耐氧化、耐腐蚀；③热电系数较小，电导率高；④热电偶电势与温度线性良好；⑤热电偶材料制造工艺简单，成本低廉。根据材料不同，传统热电偶主要有普通金属热电偶、贵金属热电偶以及难熔金属热电偶三大类。除此之外，非金属热电偶、铠装热电偶以及薄膜热电偶等新型热电偶也经常被使用。

三、温控技术

温度在科学研究中是一个非常重要的物理量，物质的许多理化性质（如密度、折光率、旋光度、吸光度、黏度、表面张力、蒸气压）以及一些重要的理化常数（如化学反应平衡常数、化学反应速率常数、溶解度、解离度）等都与温度有着密切关系。因此，在科学实验中，保证温度恒定可控就显得尤为重要。

实验室里实现温度控制主要采取两种方法，一是利用物质处于相变平衡时温度的恒定性来实现，如利用标准大气压下的冰-水体系来实现 0 ℃恒温控制，这种将被测系统置于恒温介质中的控温装置称为相变点恒温介质浴；除了冰-水体系外，类似的恒温介质还有沸点水（100 ℃）、沸点萘（218.0 ℃）、沸点硫（444.6 ℃）、液氮（−195.9 ℃）、干冰-丙酮（−78.5 ℃）等；采用这种方法的缺点在于可供选择的温度有限，很多温度由于找不到合适的恒温介质而无法实现恒温控制。另一种方法是利用电子系统自动调节加热、制冷装置，从而达到控温目的，此种方法可以在一定范围内自由设定温度，适用范围更宽，实用性更好。

1. 恒温槽控温

恒温槽是实验室常用的一种以液体为介质的恒温装置，根据不同实验的恒温要求，采用可以用于不同的温度区间的各种液态恒温介质，如可以采用水（0～90 ℃）、乙醇及其水溶液（−30～60 ℃）、甘油及其水溶液（80～160 ℃）、液体石蜡或硅油（70～200 ℃）等。恒温介质采用液体是因为液体的热容相对较大，且对流传热性能好，从而可以更好地满足恒温控制对稳定性和灵敏度的要求。

如图 1-2-4 所示，恒温槽装置主要由浴槽、加热器、搅拌器、温度传感器、继电器和精密温度计、调压器组成。

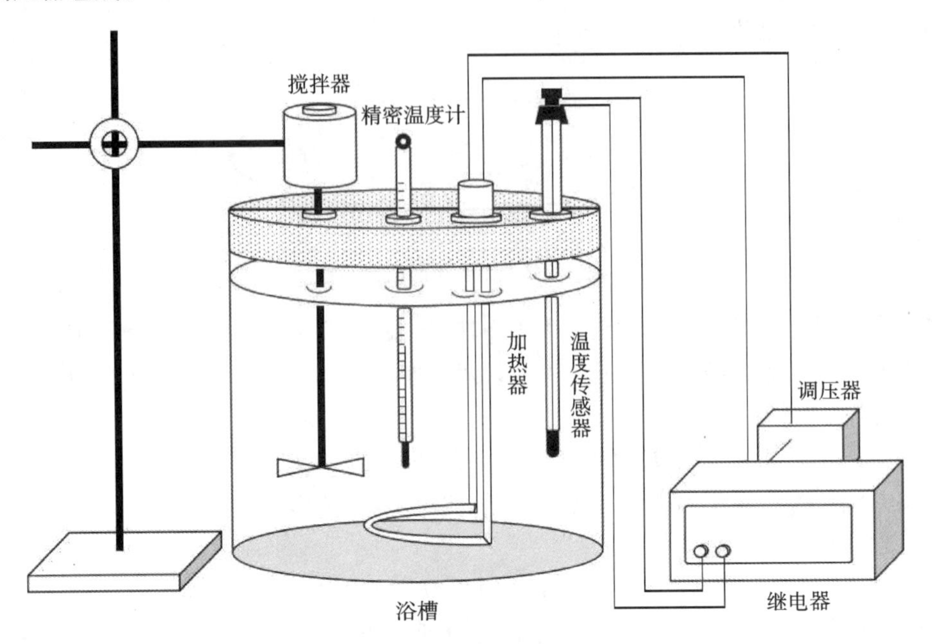

图 1-2-4　恒温槽装置图

浴槽主要用于储存液体介质，在温度与室温差别不大的情况下，一般可以选择玻璃浴槽；当温度设定过高或过低时，可以采用保温性能更好的其他材料浴槽。

搅拌器通过电动马达带动叶片旋转，从而加强液体内部流动，有利于保证恒温槽内各部分的温度一致。搅拌器应随浴槽的体积大小不同而选择相应功率，浴槽增大，搅拌器功率也应适当增大。

加热器是恒温槽装置中的加热装置，当设定温度高于环境温度时，加热器通电加热并向液体介质传热，以提高浴槽内温度；当浴槽内温度达到或超过设定温度时，加热器停止加热，浴槽向环境散热，温度下降。如此循环往复，加热器间断性加热，保证恒温。

温度传感器具有较高的灵敏度，设定并可感知浴槽内温度高低，并将电信号反馈至继电器，继电器通过电流通或断来控制加热器是否加热。

恒温槽装置中的温度计用于显示当前的准确温度，因此应当选用精密温度计，如数字贝克曼温度计、数字式精密电子温差测量仪等。当精密温度计所示读数与设定温度相一致时，恒温槽完成一个温度调节循环。

2. 自动控温

采用电子调节系统控制的控温仪器，如冰箱、烘箱、高温电炉等，因具有更宽的控温范围、更高的控温精度和更便捷的温度设定等优点，在实验室中被广泛使用。

电子调节系统实现控温，需要三个部分(信号转换器、处理器、执行装置)协同完成，首先信号转换器将温度信号转化成电信号，处理器接受电信号并将之进行处理(测量、比较、放大、计算)后发出指令，执行装置根据指令进行加热或制冷，如图 1-2-5 所示。

电子调节系统自动控温主要有两种模式，分别是断-续式控温(包括继电器)和比例-积分-微分控温。

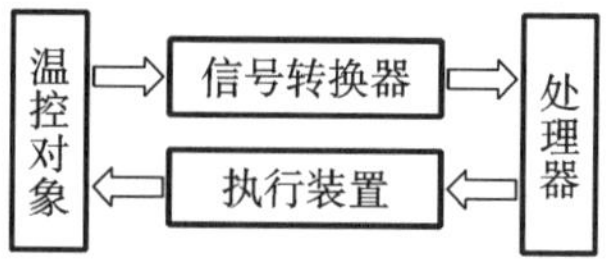

温控对象
信号转换器
执行装置
处理器

图 1-2-5　电子调节系统控温示意图

（山西医科大学　王宁）

项目三　电导的测量

电导(conductance)是电化学中的一个重要参量,它不仅能反映电解质溶液中的离子状态及其运动的许多信息,而且其由于在稀溶液中与离子浓度之间的简单线性关系,被广泛应用于分析化学和化学动力学过程的测试中。电解质溶液的电导或电导率通过电导仪或电导率仪直接进行测定,特点是操作简单、数据可直接读取、测量范围广,若与数据采集装置连接,可获得连续的数据。

电导 G 是电阻 R 的倒数,单位为西门子(siemens),用 S 或 Ω^{-1} 表示。

$$G = \kappa \cdot \frac{A}{l} \tag{1-3-1}$$

式中,比例系数 κ 称为电导率,单位为 $S \cdot m^{-1}$,电导率 κ 是电阻率的倒数;A 为电极的有效面积;l 为两平行电极间的距离;$K_{cell} = l/A$ 称为电极常数,单位为 m^{-1}。

电解质溶液电导的测量本身具有其特殊性,因为电解质溶液中离子的导电机制与金属中电子的导电机制不同。伴随电导过程,离子在电极上放电,因而会使电极发生极化现象。因此,电解质溶液电导的测量通常是用较高频率的交流电桥来实现的,大多数电导测量所用的电极镀以铂黑来减少电极本身的极化作用。

1. 电导电极的类型

用于测量电导率的电极,简称电导电极。电导电极一般分为二电极式和多电极式两种类型。

(1) 二电极式电导电极:目前国内使用较多的电导电极类型,其结构是将两片铂片烧结在两片平行玻璃片上,或圆形玻璃管的内壁上,通过调节铂片的面积和距离,可以制成不同电极常数的电导电极,通常有电极常数为 1、5、10 等类型。在线式电导率仪上使用的二电极式电导电极常制成圆柱状对称的电极。当 $K_{cell}=1$ 时,常采用石墨;当 $K_{cell}=0.1$、0.01 时,材料可以是不锈钢或钛合金等。

(2) 多电极式电导电极:一般在支持体上有几个环状的电极,通过环状电极的串联和并联的不同组合,可以制成不同电极常数的电导电极。环状电极的材料可以是石墨、不锈钢、钛合金和铂金等。

电导电极还有四电极式和电磁式两种类型,四电极式电导电极的优点是可以避免电极极化带来的测量误差,在国外的实验室和在线式电导率仪上应用较多。电磁式电导电极适用于测量高电导率的溶液,一般用于工业电导率仪中,或利用其测量原理制成单组分的浓度计,如盐酸浓度计、硝酸浓度计等。

2. 常用的电导电极

实验室中常用的电导电极有光亮铂电极和铂黑电极,铂黑电极是在光亮铂电极上镀了一层疏松的铂黑。镀铂黑的目的是减少极化效应,多孔的铂黑增加了电极的有效表面积,使电流密度减小,极化效应变小,电容干扰也降低了。例如,实验室常用的 260 型电导电极,是将两片面积为 5 mm×10 mm 的光滑铂片或镀铂黑的铂片熔贴在环形玻璃上而制成,极间距离为 6 mm。不镀铂黑的光亮铂电极在较小电导率的溶液中使用,电极常数小于 1 的电导电极可以使用光亮铂电极。光亮铂电极的优点是其铂片表面可以擦拭,而铂黑电极表面则绝对不能擦拭，只能在水中轻轻晃动清洗或用滤纸吸，以免破坏电极表面。

不同型号的电导电极有不同的电极常数、不同的适用范围，实际中可根据需要选择。

一般而言，电导电极在出厂时已标明电极常数 K_{cell}，但由于电极的有效面积 A 在运输、储存等过程中受多种因素的影响可能发生改变，所以测定前应先测电极常数。电极常数应用标准溶液进行确定，标准溶液一般用 KCl 溶液，这是因为 KCl 的电导率在不同的温度和浓度下非常稳定。

由于测量溶液的浓度和温度不同，以及测量仪器的精度和频率不同，电极常数 K_{cell} 有时会出现较大的误差。使用一段时间后，电极常数可能会有变化。因此，新购的电导电极，以及使用一段时间后的电导电极，电极常数应重新测量标定。测量电极常数时应注意以下两点。

（1）用于测量电极常数的电导率仪，应是实际测量时配套使用的电导率仪。

（2）用于测量电极常数的 KCl 溶液的温度和浓度，以接近实际被测溶液的温度和浓度为宜。

3. 使用注意事项

（1）电导电极的清洗与储存：光亮铂电极必须储存在干燥的环境中；铂黑电极不允许干放，清洗干净后浸泡在电导水（去离子水）中保存。

（2）电导电极的清洗。

①为确保测量精度，电极使用前应用小于 0.5 $\mu S \cdot cm^{-1}$ 的去离子水（或蒸馏水）清洗 2 次，然后用被测试样润洗后方可测量。

②用含有洗涤剂的温热水可以清洗玷污在电极上的有机成分，也可以用乙醇清洗。

③钙、镁沉淀物最好用 10% 柠檬酸清洗。

④光亮铂电极可以用软刷子机械清洗，但在电极表面不可以产生刻痕，绝对不可以使用螺钉、起子等清除电极表面脏物，在用软刷子机械清洗时也需要特别注意。

⑤对于铂黑电极，只能用化学方法清洗，化学方法清洗可能再生被损坏或被轻度污染的铂黑层。

（3）如果发现铂黑电极被污染或失效，可浸入 10% 硝酸或盐酸中保持 2 min，然后用蒸馏水清洗干净后再测量。

常用的电导率仪有数字式电导率仪和指针式电导率仪，实际使用时可依照说明书，按仪器使用要求操作。

（宁夏医科大学　姚惠琴）

项目四　液体黏度的测量

液体黏度是相邻流体层以不同速率运动时所产生的内摩擦力的一种量度。黏度的物理意义是相距 1 m、面积为 1 m^2 的两液层之间，流速为 1 $m \cdot s^{-1}$ 时所需的切变应力，以 η 表示，单位为 Pa·s。测定黏度的黏度计有多种类型，如毛细管黏度计、落球式黏度计、旋转式黏度计等，在此简要介绍常用的毛细管黏度计和落球式黏度计。

一、毛细管黏度计

毛细管黏度计是根据泊肃叶(Poiseuille)公式设计的。

$$\eta = \frac{\pi r^4 \Delta p t}{8lV} = \frac{\pi r^4 \rho g \Delta h t}{8lV} \qquad (1\text{-}4\text{-}1)$$

式中，r、l 分别为毛细管的半径、长度；V 为 t 时间内流经毛细管的液体体积；Δp 为毛细管两端的压差，$\Delta p = \rho g \Delta h$，$\rho$ 为液体的密度，Δh 为毛细管两端的高度差，g 为重力加速度。对于同一支黏度计，r、l、V 都是定值。

用同一支黏度计在相同条件下测定两种不同液体流经毛细管的时间，测定时注意保持毛细管两端的压差相同；当溶液的浓度不大时，两种液体的密度可视为相同，有

$$\frac{\eta_1}{\eta_2} = \frac{t_1}{t_2} \qquad (1\text{-}4\text{-}2)$$

所以，如果已知某种液体的黏度，由上式可计算出另一种液体的黏度。

由液体流经毛细管的时间 t_1 和溶剂流经毛细管的时间 t_2，可以计算出相对黏度 η_r

$$\eta_r = \frac{t_1}{t_2} \qquad (1\text{-}4\text{-}3)$$

毛细管黏度计是化学实验室测定黏度常用的黏度计，常用的有奥氏黏度计和乌氏黏度计。如图 1-4-1 所示，b 刻度以下为毛细管。高聚物稀溶液或低黏度液体的黏度用毛细管黏度计测定较为方便。

1. 奥氏黏度计

测定时，从管 2 注入待测液。保持黏度计垂直，用洗耳球将待测液从管 1 抽至刻度 a 以上，观察、记录液体从刻度 a 处流动至刻度 b 处的时间，即为一定量液体流经毛细管所需的时间。使用奥氏黏度计时需注意：每次测定的液体体积必须相同，以确保毛细管两端的压差相同、流速相同。

2. 乌氏黏度计

与奥氏黏度计不同，乌氏黏度计多了一个 C 管。将待测液从 B 管抽至刻度 a 以上后，打开之前密闭的 C 管，B 管中的液体在 D 球处与 A 管中的液体断开，即形成气承悬液柱。形成气承悬液柱后，待测液的体积不影响毛细管两端的压差、流速，从而可以在黏度计中稀释液体进行测定。

使用毛细管黏度计时要注意及时清洗，清洗干净的黏度计可以用 95% 的乙醇润洗(特别要注意润洗毛细管部分)，倒挂晾干。

二、落球式黏度计

毛细管黏度计适用于低黏度液体的黏度测定，黏度较高的液体需要用落球式黏度计测定，

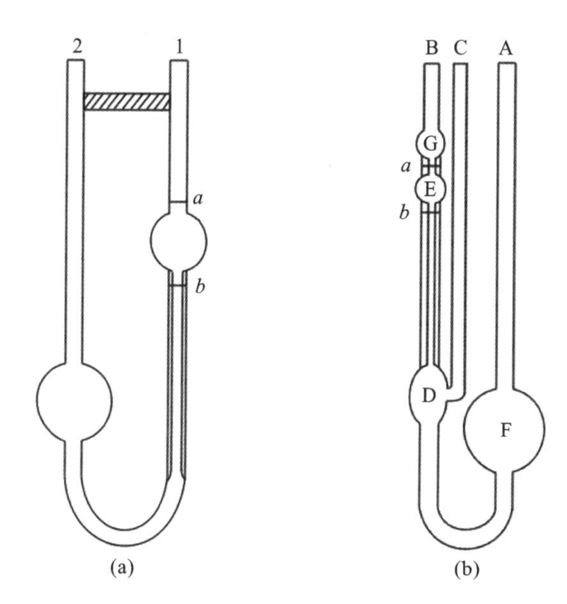

图 1-4-1 奥氏黏度计(a)与乌氏黏度计(b)

尤其是透明度较高的液体用落球法测定较方便。落球式黏度计(图 1-4-2)是测定固体球(钢球)在待测液体中落下一定距离所需的时间,进而计算出该液体的黏度。

钢球在液体中落下,受到的阻力 F 为

$$F = 6\pi\eta rv \tag{1-4-4}$$

式中,r 为钢球的半径,v 为落球速度。在浮力矫正后,重力与阻力相等时,

$$\frac{4}{3}\pi r^3(\rho_b - \rho)g = 6\pi\eta rv \tag{1-4-5}$$

式中,ρ_b 为钢球的密度,ρ 为液体密度,g 为重力加速度。

$v=h/t$,h 为钢球从上刻度 a 处落到下刻度 b 处的距离,t 为所需的时间。当 r 和 h 为定值时,用两种不同的液体测定,有

$$\frac{\eta_1}{\eta_2} = \frac{(\rho_b - \rho_1)t_1}{(\rho_b - \rho_2)t_2} \tag{1-4-6}$$

式中,ρ_1、ρ_2 分别为液体 1 和液体 2 的密度,t_1、t_2 分别为钢球在液体 1 和液体 2 中下落距离 h 所需的时间。甘油等标准液的黏度、密度是已知的,先测出钢球在标准液中的下落时间,再测出钢球在待测液体中的下落时间,即可由式(1-4-6)计算出待测液体的黏度。待测液体的密度可以通过查表或由比重瓶法等测得。

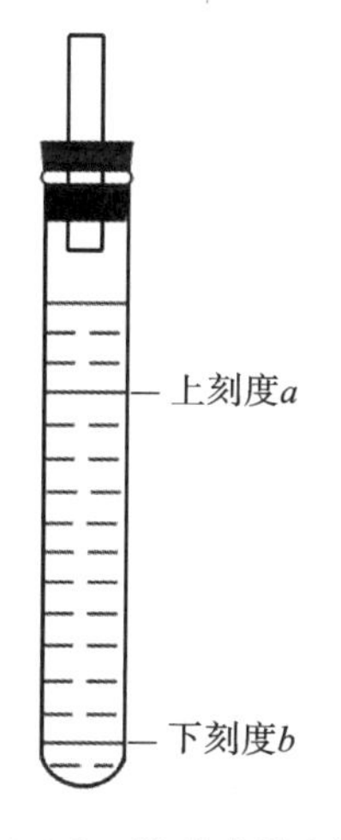

图 1-4-2 落球式黏度计

落球式黏度计的测量范围较宽，钢球必须圆而光滑，测定时要注意防止钢球下落过程中与落球管壁相碰而产生误差。

（云南中医药大学　魏泽英）
（遵义医科大学　满雪玉）

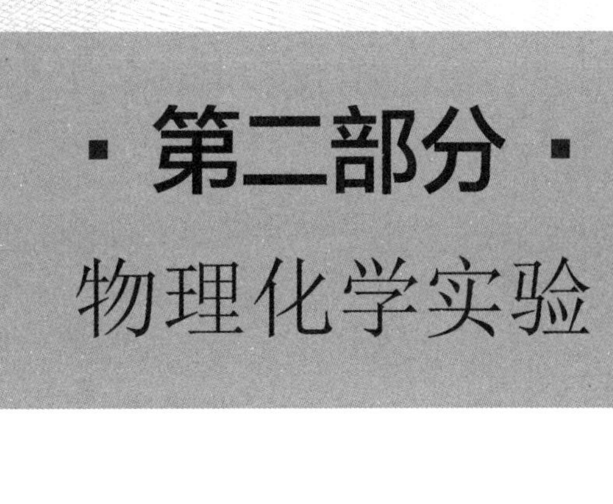
·第二部分·
物理化学实验

实验一　燃烧热的测定

实验预习内容

扫码看 PPT

1. 燃烧热的定义，恒压燃烧热和恒容燃烧热的差别及相互关系。
2. 热量计的原理，构造和作用。
3. 温差测定校正方法——雷诺温度校正图。

一、目的要求

(1) 掌握有关热化学实验和测量技术的基本知识。
(2) 熟悉氧弹热量计的构造原理以及使用方法。
(3) 了解热化学测量中的温差测定校正方法——雷诺温度校正图。

二、实验原理

1. 燃烧热

根据热化学的定义，在一定温度及标准压力下，1 mol 物质完全燃烧时的反应热称为标准摩尔燃烧热。完全燃烧的含义：指定物质中各元素均与氧气发生完全氧化反应。例如，有机化合物中的 C、H、S 等元素的完全燃烧产物分别为 CO_2(g)、H_2O (l)、SO_2(g)等。

燃烧热的测定，除了有其实际应用价值外，还可以用于求算化合物的生成热、键能等。

量热法是热力学的一个基本实验方法，通常情况下在恒容条件下测得恒容燃烧热 Q_V，由热力学第一定律可知，Q_V 等于体系内能变化 ΔU，恒压燃烧热 Q_p 等于其焓变 ΔH。若把参加反应的气体和反应生成的气体都看作理想气体，则它们之间存在以下关系：

$$\Delta H = \Delta U + \Delta(pV) \tag{2-1-1}$$

$$Q_p = Q_V + \Delta nRT \tag{2-1-2}$$

式中，Δn 为反应前后反应物和生成物中气体的物质的量之差；R 为气体常数；T 为反应时的热力学温度。因此，可以通过实验测定 Q_V，根据上述关系式计算出 Q_p。

2. 氧弹热量计

氧弹热量计是一种常用的热量计，种类很多，本实验所用氧弹热量计是一种环境恒温式的热量计。图 2-1-1 所示为氧弹的剖面图。氧弹热量计的基本依据是能量守恒定律。例如，在苯甲酸的燃烧体系中，除了样品的燃烧还要考虑引火铁丝燃烧产生的热。苯甲酸的恒压燃烧热为 $-26460\ \text{J}\cdot\text{g}^{-1}$，恒容燃烧热为 $-26450\ \text{J}\cdot\text{g}^{-1}$，引火铁丝的燃烧热为 $-2.9\ \text{J}\cdot\text{cm}^{-1}$。根据能量守恒定律，可以得到式(2-1-3)：

$$\Delta U(\text{总}) = \Delta U(\text{样品}) + \Delta U(\text{铁丝}) + \Delta U(\text{热量计}) = 0(\text{绝热}) \tag{2-1-3}$$

假设体系和环境没有能量交换，体系内有样品、引火铁丝和热量计三部分的能量变化。样品完全燃烧后所释放的能量使得氧弹本身及其周围的介质和热量计有关附件的温度升高，则测量介质在燃烧前后温度的变化值，就可求算该样品的恒容燃烧热。其关系式如下：

$$-\frac{W_{样}}{M}Q_V - l \cdot Q_l = (W_{水} C_{水} + C_{计}) \cdot \Delta T \tag{2-1-4}$$

式中，$W_{样}$和M分别为样品的质量和摩尔质量；Q_V为样品的恒容燃烧热；l和Q_l分别为引火铁丝的长度和单位长度燃烧热；$W_{水}$和$C_{水}$分别为以水作为测量介质时，水的质量和比热容；$C_{计}$称为热量计的热容，即除水之外，热量计升高1℃所需的热量；ΔT为样品燃烧前后水温的变化值。

为了保证样品完全燃烧，氧弹中须充以高压氧气或其他氧化剂。因此氧弹应有很好的密封性能，耐高压且耐腐蚀。氧弹应放在一个与室温一致的恒温套壳中。盛水桶与套壳之间有一个高度抛光的挡板，以减少热辐射和空气的对流。

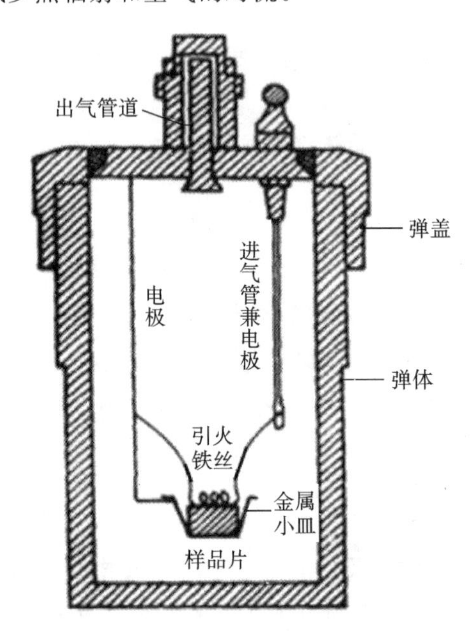

图 2-1-1　氧弹剖面图

3. 雷诺温度校正图

实际上，热量计与周围环境的热交换无法完全避免，它对温差测量值的影响可用雷诺(Renolds)温度校正图来校正。具体方法：称取适量样品，估计其燃烧后可使水温上升1.5～2.0℃。预先调节水温至低于室温1℃左右。按操作步骤进行完全燃烧反应，测量燃烧前后的温度，将所得水温与时间作图，可得如图2-1-2所示的曲线。图中A'点意味着燃烧开始，热传入介质，温度快速升高；D点为反应完成后的最高温度值；取A'点和D点温度的平均值J点作水平线，交曲线于I点，过I点作垂直线ab，再将FA线和GD线延长并交ab线于A、C两点，其间的温度差即为经过校正的ΔT。AA'为开始燃烧到温度上升至室温这一段时间内，由环境辐射和搅拌引进的能量所造成的升温，故应予以扣除。CC'为由室温升高到最高点D这一段时间内，热量计向环境的热漏造成的温度降低，计算时必须考虑在内。因此，A、C两点的温度差较客观地表示了实际样品燃烧引起的升温数值，才是接近真实值的。

在某些情况下，热量计的绝热性能良好，热损失很小，而搅拌器功率较大，不断引进的能量使得曲线不出现极高温度点，如图2-1-3所示，校正方法相似。

三、仪器与试剂

1. 仪器

氧弹热量计，数字式精密电子温差测量仪，氧气钢瓶、氧气减压阀，压片机，直尺，剪刀，药物天平，温度计(0～50℃)，引燃专用铁丝，秒表，量筒(1000 mL)等。

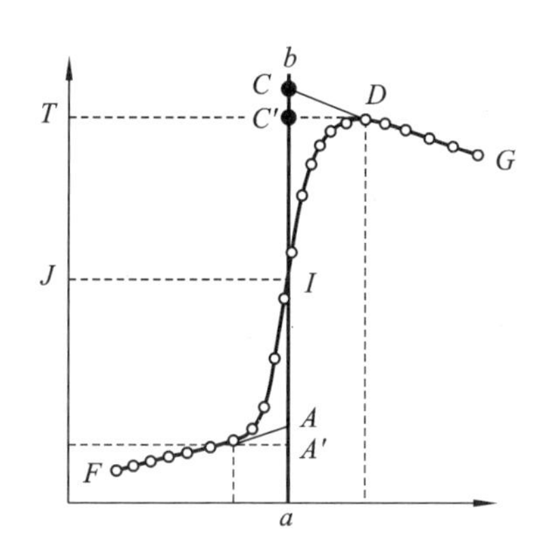

图 2-1-2 雷诺温度校正图

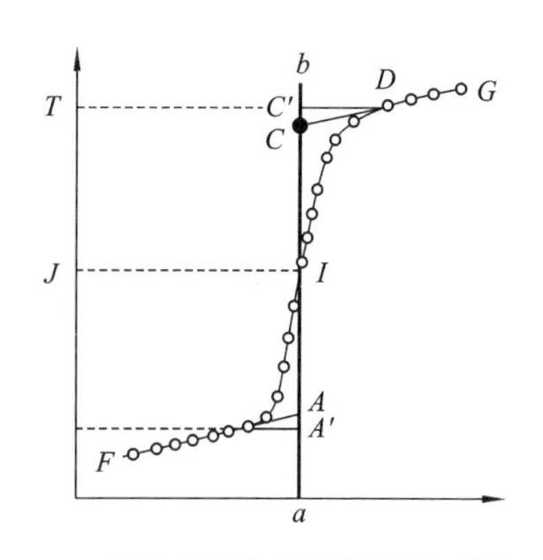

图 2-1-3 绝热良好情况下的雷诺温度校正图

2. 试剂

苯甲酸(AR),萘(AR)。

四、实验步骤

1. 测定热量计的热容

(1) 样品制作:用药物天平称取约 0.95 g 苯甲酸,在压片机上稍用力压成圆片。用镊子将样品在干净的称量纸上轻击 2～3 次,除去表面粉末后,再用分析天平精确称量。

(2) 如图 2-1-4 所示,将温度传感器(贝克曼温度计)接入后面板“传感器”座,用专用连接线一端接入后面板“控制输出”座,另一端接热量计的输入(连接搅拌电机、氧弹)。用量筒量取 3000 mL 自来水,倒入盛水桶内,调节水温至比室温低 0.5～1.0 ℃。

图 2-1-4 燃烧热实验装置

(3) 装样并充氧气:拧开氧弹盖,将氧弹内壁清洗干净并干燥,特别是电极下端的不锈钢更应清洗干净。搁上金属小器皿,小心地将样品片放置在小器皿中部。剪取 18 cm 长的引火铁丝,在直径约 3 mm 的铁钉上,将引火铁丝的中段绕成螺旋状(5～6 圈)。将螺旋部分紧贴在样片的表面,两端如图 2-1-1 所示固定在电极上。注意引火铁丝不能与金属器皿相接触。旋紧氧弹盖,卸下进气管口的螺栓,换接上导气管接头。导气管的另一端与氧气钢瓶上的减压阀连接。打开钢瓶阀门,向氧弹中充入 2 MPa 的氧气,将氧弹放入水中,盖上保温盖,将温度传感器插入水中。旋下导气管,关闭氧气钢瓶阀门,放掉氧气表中的余气。

(4) 测量:将温度传感器(贝克曼温度计)放入被测介质水中,待温差相对稳定后按"采零"键,温差即显示为"0.000",此后温差窗口显示即为介质温度的"变化量"。按下"锁定"键,"锁定"指示灯亮,仪器自动锁定所需基温,如在 26.772 ℃时,仪器自动锁定 20 ℃为基温,温差显示为 6.772 ℃(26.772 ℃－20 ℃＝6.772 ℃)。注意:按下"锁定"键后,"采零"键不起作用,直至重新开机。打开搅拌开关,"搅拌"指示灯亮。按下"点火"键,"点火"指示灯亮,仪器输出0～36 V 点火电压,延续数秒后,"点火"指示灯灭,表明点火成功。

自按下燃烧热实验装置的"点火"键后,温度读数改为每隔 15 s 记录一次,直至两次读数差值小于 0.005 ℃,读数间隔恢复为 1 min 一次,10～12 min 后方可停止实验。

实验结束后,停止搅拌,关闭电源,取出温度传感器,再取出氧弹,打开氧弹出气口,放出余气。旋开氧弹盖,检查样品燃烧是否完全,氧弹中应没有明显的燃烧残渣,若发现黑色残渣,则应重做实验。测量燃烧后剩下的铁丝长度,并计算实际燃烧掉的铁丝长度。最后擦干氧弹。

2. 萘的燃烧热测定

称取 0.6 g 左右的萘,同上述方法进行测定。

五、实验数据记录与处理

(1) 绘制苯甲酸和萘燃烧的雷诺温度校正图,由 ΔT 计算热量计的热容和萘的恒容燃烧热 Q_V,并计算其恒压燃烧热 Q_p。

(2) 根据所用仪器精度,正确表示测量结果,并指出最大测量误差所在。

六、实验注意事项

(1) 样品不能压得太紧,否则点火时不易全部燃烧;也不能压得太松,否则样品容易脱落粉末,影响测量结果。

(2) 引火铁丝的中段要绕成螺旋状,并且螺旋部分必须紧贴在样片的表面,否则不易点燃样品。

(3) 打开氧气钢瓶阀门,向氧弹中充入 2 MPa 的氧气,为保证样品完全燃烧,至少要充放氧气两次。

(4) 实验结束后,为避免腐蚀氧弹内部,必须清洗干净氧弹并干燥。

七、思考题

(1) 本实验装置中哪些是体系?哪些是环境?

(2) 使用氧气钢瓶和减压阀要注意哪些问题?

(3) 样品点燃及燃烧完全与否,对本实验有哪些影响?

(4) 在量热学测定中,还有哪些情况可能需要用到雷诺温度校正图?

(5) 如何用萘的燃烧热数据来计算萘的标准摩尔生成热?

八、实验讨论与拓展

本实验装置也可以用来测定可燃液体样品的燃烧热。以药用胶囊作为样品管，并用内径比胶囊外径大 0.5～1.0 mm 的薄壁玻璃管套住，胶囊的平均燃烧热应预先标定以便扣除。

在药学领域燃烧热的测定也有一定应用，可以用来测定某些高能药物的能量。

（宁夏大学　史可人）

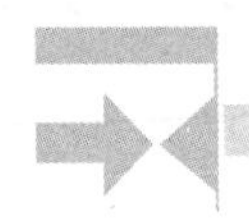

实验二 溶解热的测定

扫码看 PPT

实验预习内容

1. 电热补偿法测定热效应的基本原理。

2. 积分溶解热、微分溶解热、积分稀释热及微分稀释热的定义，如何通过图解法求算这些热效应。

一、目的要求

(1) 掌握作图法求算 KNO_3 在水中的微分稀释热、微分溶解热和积分稀释热。

(2) 熟悉电热补偿法测定积分溶解热的实验方法。

二、实验原理

在恒温、恒压条件下，一定量的溶质溶于一定量的溶剂过程中所产生的热效应称为溶解热。溶解热是溶质晶格能、电离能和溶剂化热等能量的总和，可分为积分溶解热和微分溶解热。积分溶解热指在恒温、恒压条件下，1 mol 溶质溶解在一定量的溶剂(n_0 mol)中所产生的热效应，用 Q_s 表示。微分溶解热指在恒温、恒压条件下，1 mol 溶质溶解在无限量某一定浓度溶剂中所产生的热效应，用 $\left(\frac{\partial Q_s}{\partial n_B}\right)_{T,p,n_A}$ 表示，在溶解过程中，溶液浓度可视为不变。

向溶液中加入溶剂使之稀释产生的热效应称为稀释热，也分为积分稀释热和微分稀释热两种。在恒温、恒压条件下，向含有 1 mol 溶质和 $n_{0,1}$ mol 溶剂的溶液中加入溶剂，使溶剂的物质的量由 $n_{0,1}$ mol 增加至 $n_{0,2}$ mol 时所产生的热效应，称为积分稀释热，用 Q_d 表示。积分稀释热可以理解为两种不同浓度溶液的积分溶解热之差。微分稀释热是在无限量某一定浓度溶液中加入 1 mol 溶剂时所产生的热效应，用 $\left(\frac{\partial Q_s}{\partial n_A}\right)_{T,p,n_B}$ 表示，在此过程中，溶液浓度可视为不变。积分溶解热可由实验直接测定，微分稀释热、积分稀释热和微分溶解热则需通过 Q_s-n_0 曲线图来求算。

由 n_A mol 溶剂和 n_B mol 溶质混合形成溶液，则混合前的总焓为

$$H_{前} = n_A H^{\ominus}_{m,A} + n_B H^{\ominus}_{m,B} \tag{2-2-1}$$

混合后的总焓为

$$H_{后} = n_A H_{m,A} + n_B H_{m,B} \tag{2-2-2}$$

式中，$H^{\ominus}_{m,A}$ 为纯溶剂的标准摩尔生成焓；$H^{\ominus}_{m,B}$ 为纯溶质的标准摩尔生成焓；$H_{m,A}$ 为一定浓度溶液中溶剂的偏摩尔焓；$H_{m,B}$ 为一定浓度溶液中溶质的偏摩尔焓。

此混合过程的焓变为

$$\begin{aligned}\Delta H &= H_{后} - H_{前} = n_A(H_{m,A} - H^{\ominus}_{m,A}) + n_B(H_{m,B} - H^{\ominus}_{m,B}) \\ &= n_A \Delta H_{m,A} + n_B \Delta H_{m,B}\end{aligned} \tag{2-2-3}$$

式中，$\Delta H_{m,A}$ 为指定浓度的溶液中溶剂与纯溶剂的摩尔焓之差，即微分稀释热；$\Delta H_{m,B}$ 为指定

浓度的溶液中溶质与纯溶质的摩尔焓之差，即微分溶解热。

根据积分溶解热的定义：

$$Q_s = \frac{\Delta H}{n_B} = \frac{n_A}{n_B}\Delta H_{m,A} + \Delta H_{m,B} = n_0 \Delta H_{m,A} + \Delta H_{m,B} \tag{2-2-4}$$

如图 2-2-1 所示，在 Q_s-n_0 曲线图上，某点切线的斜率 MD/CD 即为该浓度溶液的微分稀释热 $\Delta H_{m,A}$ 的值，该切线与纵坐标相交的截距 OC 即为该浓度溶液的微分溶解热 $\Delta H_{m,B}$ 的值。

将含有 1 mol 溶质、$n_{0,1}$ mol 溶剂的溶液的溶剂量增加至 $n_{0,2}$ mol 过程中的积分稀释热 Q_d 的值为 $NG - MF = NE$ 。

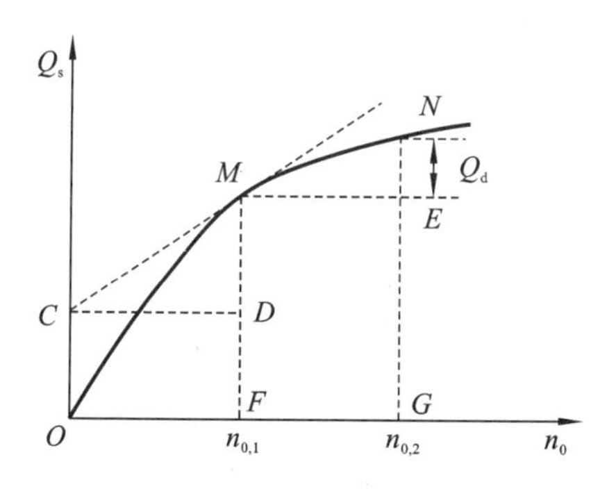

图 2-2-1 Q_s-n_0 曲线图

将本次实验系统视为绝热体系，KNO_3 在水中溶解吸热，使系统温度下降。通过电热补偿使系统温度恢复至 KNO_3 溶解前的起始温度，根据所耗电能可求出 KNO_3 溶解过程的热效应 Q。

$$Q = IUt \tag{2-2-5}$$

式中，I 为通过电阻丝的电流(A)；U 为加热电阻丝两端电压(V)；t 为通电时间(s)。

三、仪器与试剂

1. 仪器

热量计(包括杜瓦瓶、电加热器、磁力搅拌器)1 套，万用电表，分析天平，台秤，研钵，250 mL 烧杯 1 个等。

2. 试剂

KNO_3(AR)，蒸馏水。

四、实验步骤

(1) 将 KNO_3 置于 105 ℃烘箱 2 h 充分干燥后在研钵中充分研磨。

(2) 用分析天平精确称取 8 份质量分别为 2.5 g、1.5 g、2.5 g、3.0 g、3.5 g、4.0 g、4.0 g、4.5 g 的 KNO_3，编号并记录数据。

(3) 用台秤称取 216 g 蒸馏水(约 12 mol)于杜瓦瓶内。

(4) 将磁力搅拌子放入杜瓦瓶内，调节搅拌旋钮使搅拌子在杜瓦瓶内均匀搅拌，然后盖上杜瓦瓶的盖子。将温度探头置于空气中，接通电源，将温度显示调节为温差，待读数稳定后，将温差置零，然后将温度探头、加热棒及加样漏斗置于保温杯中，如图 2-2-2 所示。调节加热电流为 0.50 A，将杜瓦瓶内的水加热。用万用表测定加热棒两端电压。

(5) 当温差上升到 0.5 K 时，通过加样漏斗加入第 1 份 KNO_3，并开始计时。当温差再次升到 0.5 K 时，加入第 2 份 KNO_3 并记下时间 t。重复上述操作，直到加完 8 份样品后温差恢复至 0.5 K。

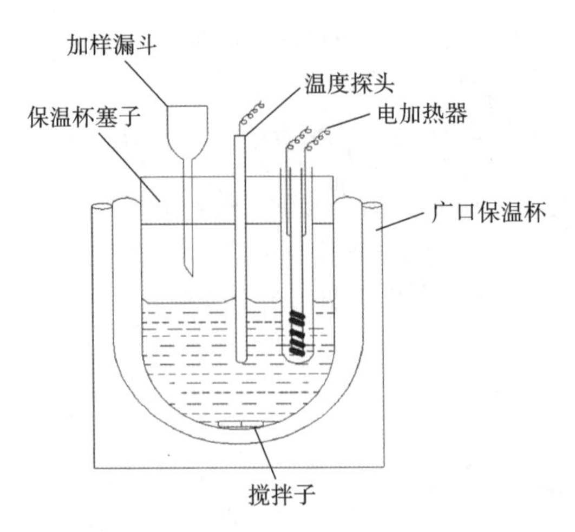

图 2-2-2　溶解热测定实验装置示意图

(6) 实验完毕后，将加热电流和搅拌速度调至最小，关闭电源。观察杜瓦瓶内 KNO_3 是否完全溶解，如未完全溶解，需重做实验。

五、实验数据记录与处理

将实验数据填入表 2-2-1，并计算 KNO_3 的积分溶解热，再利用 Origin 软件绘制 Q_s-n_0 曲线图，求出 KNO_3 的微分稀释热、微分溶解热及积分稀释热。

表 2-2-1　KNO_3 溶解热测定数据表

$m_水$=________　$n_水$=________　电流 I=________　电压 U=________

序号	m_{KNO_3}/g	t/min	n_{KNO_3}/mol	n_0/mol	Q/J	Q_s/J
1						
2						
3						
4						
5						
6						
7						
8						

六、实验注意事项

(1) 实验过程中，电流、电压应保持稳定，如有波动随时调准。

(2) 实验过程中搅拌速度要合适，加入样品的速度也要控制好，防止加入后卡住搅拌子。

七、思考题

(1) 本实验装置是否适用于放热反应热效应的测定？

(2) 实验开始时，为什么设置系统的初始温度比环境温度约高 0.5 K？

八、实验讨论与拓展

(1) 设计实验，由测定溶解热的方法求下列反应的反应热 $\Delta_r H_m$。

$$Na_2CO_3(s)+10H_2O(l)=\!=\!=Na_2CO_3\cdot 10H_2O(s)$$

(2) 固体药物溶解后才能被生物体吸收利用,药物溶解时吸热或者放热以及 ΔH_s 的大小对药物溶出有较大的影响,其中药物溶解速率受 ΔH_s 大小的影响尤为明显。药物溶解热与其结晶形式也有关系,相同物质的晶体结构不同,其热力学性质会有所区别。溶解热一般采用量热法测量,除了本实验所用的电热补偿法,有人采用已知积分溶解热的标准物质(如 KCl)对热量计进行标定,从而求出热量计的恒压比热容,进而求出待测物质的积分溶解热。

(遵义医科大学 满雪玉)

实验三　静态法测定液体饱和蒸气压和摩尔气化热

扫码看 PPT

扫码看视频

实验预习内容

1. 克劳修斯-克拉珀龙方程及其应用。
2. 温度与液体饱和蒸气压的关系。
3. 恒温槽的基本原理、使用方法和注意事项。

一、目的要求

(1) 掌握克劳修斯-克拉珀龙方程及其应用原理。

(2) 熟悉图解法求液体平均摩尔气化热。

(3) 了解真空泵、恒温槽及液体饱和蒸气压测定装置的使用。

二、实验原理

一定温度下，在一真空的密闭容器中，液体很快和它的蒸气建立动态平衡，即蒸气分子向液面凝结和液体分子从表面逃逸的速度相等，此时液面上的蒸气压就是液体在此温度时的饱和蒸气压。液体的饱和蒸气压与温度有一定关系，温度升高，分子运动加剧，因而单位时间内从液面逸出的分子数增多，饱和蒸气压增大；反之，温度降低时，饱和蒸气压减小。当饱和蒸气压与外界压力相等时，液体便沸腾。外压不同时，液体的沸点也不同。我们把外压为 101325 Pa 时的沸腾温度定为液体的正常沸点。液体的饱和蒸气压与温度的关系可用克劳修斯-克拉珀龙(Clausius-Clapeyron)方程来表示。

$$\frac{\mathrm{d}\ln p}{\mathrm{d}T}=\frac{\Delta H_{\mathrm{m}}}{RT^{2}} \qquad (2\text{-}3\text{-}1)$$

式中，p 为液体在温度 T 时的饱和蒸气压，T 为热力学温度，ΔH_{m} 为液体摩尔气化热，R 为气体常数。在温度变化较小的范围内，则可把 ΔH_{m} 视为常数，当作平均摩尔气化热，将上式积分得

$$\lg p=-\frac{\Delta H_{\mathrm{m}}}{2.303RT}+A \qquad (2\text{-}3\text{-}2)$$

式中，A 为积分常数，与压力 p 的单位有关。由式(3-2)可知，在一定温度范围内，测定不同温度下的饱和蒸气压，以 $\lg p$ 对 $\frac{1}{T}$ 作图，可得一直线，而由直线的斜率可以求出实验温度范围内的液体平均摩尔气化热 ΔH_{m}。

静态法测定液体饱和蒸气压的原理是通过调节外压测得平衡液体的蒸气压，进而得到该温度下液体的饱和蒸气压。

三、仪器与试剂

1. 仪器

恒温装置 1 套，真空泵及附件 1 套，气压计 1 台，等位计 1 支，数字式低真空测压仪 1 套。

2. 试剂

异丙醇(AR)。

四、实验步骤

1. 仪器装置

按照图 2-3-1 所示安装液体饱和蒸气压测定装置。

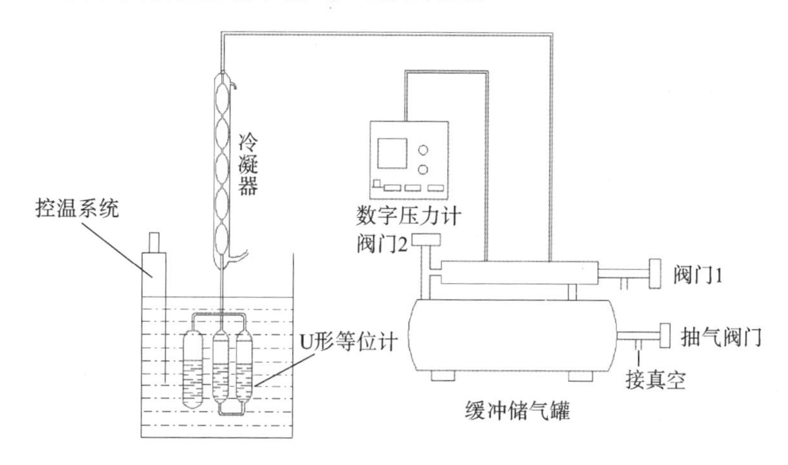

图 2-3-1　液体饱和蒸气压测定装置示意图

2. 等位计调试

等位计是由相连的 a、b、c 三个平衡玻璃管组成，如图 2-3-2 所示，三个平衡玻璃管中都要储存液体，注入等位计的待测液体不能超过平衡玻璃管容积的 2/3。一定温度下，当 a 管和 c 管的上部充满待测液体的蒸气，b 管和 c 管的液体处于同一平面时，c 管液面上的蒸气压与 b 管液面上的蒸气压相等，其值为待测液体在该温度下的饱和蒸气压。

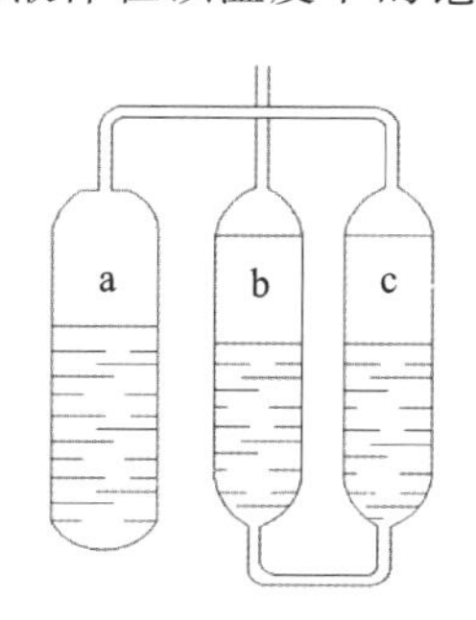

图 2-3-2　等位计平衡管示意图

3. 检查装置气密性

将装妥液体的等位计，按图 2-3-1 所示接好实验装置，关闭缓冲储气罐上方通外界大气的阀门 1。打开真空泵抽气，当真空测压仪上显示压差为 40～50 kPa 时，关闭缓冲储气罐抽气阀门，注意观察测压仪上数字的变化。如果系统漏气，则测压仪的显示数值逐渐变小，需要分段检查漏气部分，寻找出漏气位置，设法消除。

4. 异丙醇饱和蒸气压的测定

调节恒温槽至所需温度后，将装妥液体的等位计的三个平衡玻璃管浸入恒温槽水浴中，接通冷凝水，打开真空泵抽气，使a管和c管中液体内溶解的空气呈气泡状通过b管中液体排出（为防止液体暴沸，可适当调节缓冲储气罐上方的平衡阀门2）。抽气若干分钟后，关闭连接真空泵的缓冲储气罐抽气阀门。缓慢调节缓冲储气罐上方的阀门1使空气缓缓进入测量系统（如空气进入a管和c管中液体上方，则需重新将空气抽净），直至b管和c管的液体处于同一平面，关闭缓冲储气罐上方的阀门1，快速从测压仪上读出压差。同法再次打开真空泵抽气，调节使b管和c管的液体处于同一平面，重读压差，直至两次的压差读数相差无几，则表示a管液面上的空间已全被异丙醇充满，记下测压仪上的读数。用上述方法测定6个不同温度时异丙醇的饱和蒸气压（每个温度间隔为5 K）。实验结束，打开缓冲储气罐上方的阀门1，接通外界大气，然后关闭真空泵、数字压力计和恒温装置。

五、实验数据记录与处理

将实验数据填入表2-3-1中。

表2-3-1 液体饱和蒸气压与温度数据记录

实验量	1	2	3	4	5	6
T						
p						
$\lg p$						
$\frac{1}{T}$						

(1) 计算液体饱和蒸气压 p：$p = p_{大气} - p_{真空}$，式中 $p_{大气}$ 为室内大气压，$p_{真空}$ 为测压仪上的读数。

(2) 以 $\lg p$ 对 $\frac{1}{T}$ 作图，绘制 $\lg p$ - $\frac{1}{T}$ 图。

(3) 从 $\lg p$ - $\frac{1}{T}$ 直线上，按照式(2-3-2)，即可求出实验温度范围内的平均摩尔气化热。

六、实验注意事项

(1) 整个实验过程中，应保持等位计a管液面上的空气排净。

(2) 抽气的速度要适中，以免等位计内的液体沸腾过剧，致使等位计内液体被抽尽。

(3) 液体的饱和蒸气压与温度有关，故恒温槽的温度要精确，并与等位计内液体的温度保持一致。

(4) 在整个实验过程中要注意装置的气密性，避免造成实验数据偏差。

七、思考题

(1) 本实验方法能否用于测定溶液的饱和蒸气压？为什么？

(2) 温度越高则测定的饱和蒸气压误差越大，为什么？

八、实验讨论与拓展

液体或固体的饱和蒸气压是物质非常重要的物理化学性质，在药学领域有着广泛的应用。比如利用不同温度下物质的饱和蒸气压计算出的相变热，对药物的溶解性和药物的物理稳定性等有实际意义。在药物制剂中，可应用饱和蒸气压的原理制备气雾剂，特别是通过药物在不同温度下的饱和蒸气压，控制常温下气雾剂罐中的压力，以防止意外爆炸。饱和蒸气压在药物合成的分离和提取中也有重要应用，对于高沸点、对热不稳定和水不溶性的药物组分，可通过水蒸气蒸馏法分离，药物可以在相对较低的温度下蒸出，再经油水分离得纯组分。水蒸气蒸馏法的效率是由该组分的饱和蒸气压与水的饱和蒸气压之比决定的。

（蚌埠医学院　李文戈　童静）

实验四　凝固点降低法测定摩尔质量

扫码看 PPT

实验预习内容

1. 稀溶液的依数性，特别是溶液的凝固点降低部分。
2. 凝固点降低法测定物质摩尔质量的基本原理。

一、目的要求

(1) 掌握凝固点降低法测定摩尔质量的实验方法及凝固点测定仪的规范操作。
(2) 熟悉凝固点降低法测定摩尔质量的基本原理。
(3) 了解凝固点测定仪的基本结构。

二、实验原理

物质的凝固点是指在一定外压下物质的固、液两相达平衡时所对应的温度，即物质固、液两相蒸气压相等时所对应的温度。纯溶剂的凝固点在一定条件下是一固定值，当该溶剂中溶解某种溶质配成稀溶液，使其凝固析出固体溶剂达到两相平衡时，其凝固点总是比纯溶剂的低，这一现象称为溶液的凝固点降低。

根据稀溶液的依数性，难挥发非电解质稀溶液的凝固点降低值与该稀溶液的质量摩尔浓度成正比，即

$$\Delta T_f = T_f^* - T_f = K_f b_B \tag{2-4-1}$$

式中，ΔT_f 为溶液的凝固点降低值；T_f^* 为溶剂的凝固点；T_f 为溶液的凝固点；b_B 为溶液的质量摩尔浓度；K_f 为溶剂的凝固点降低常数，其值仅与溶剂性质有关，单位为 $K \cdot kg \cdot mol^{-1}$。

若溶剂的质量为 m_A，溶质的质量为 m_B，则该稀溶液的质量摩尔浓度为

$$b_B = \frac{m_B}{m_A M_B} \times 10^3 \tag{2-4-2}$$

式中，M_B 为溶质的摩尔质量。将式(2-4-2)代入式(2-4-1)，可得

$$M_B = \frac{K_f m_B}{m_A \Delta T_f} \times 10^3 \tag{2-4-3}$$

配制溶液时可知溶剂和溶质的质量，若可查得溶剂的凝固点降低常数 K_f，再通过实验测得此稀溶液的凝固点降低值 ΔT_f，便可根据式(2-4-3)求出该溶质的摩尔质量 M_B。

凝固点是通过实验数据绘制冷却曲线而得到的。冷却曲线是待测液逐渐冷却的过程中，温度随时间的变化曲线(图 2-4-1)。曲线 A 是理想状态下将纯水置于低温环境中而测得的冷却曲线。开始时温度随时间均匀下降，出现水平段时所对应的温度即纯水的凝固点，此时，固体冰开始析出，凝固过程温度不变，当凝固完全后，温度又继续下降。实验条件下水的冷却曲线如曲线 B 所示，实际测定中往往会出现过冷现象，即温度降至低于理论凝固点仍不析出晶体，此时需要加速搅拌打破过冷状态，才能使晶体析出，析晶放热又使温度迅速回升，出现水平段。

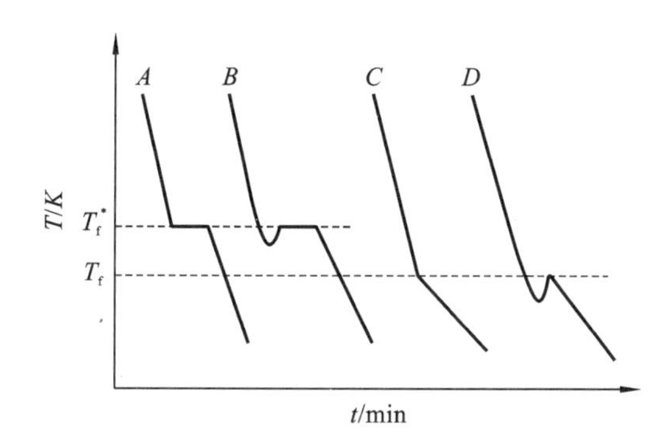

图 2-4-1 水及溶液的冷却曲线示意图

曲线 C 是理想状态下溶液的冷却曲线。与纯溶剂不同,该冷却曲线不出现水平段,而是转折点。由稀溶液的依数性可知,溶液的凝固点低于纯溶剂,且随着冰的析出,溶液浓度不断增大,凝固点进一步下降。因此,开始凝固后不出现平台,而是一段斜率变缓的斜线,从而出现转折点。转折点所对应的温度即溶液的凝固点。测定溶液凝固点的实际过程也存在过冷现象(如曲线 D 所示),此时温度回升的最高点即为溶液的凝固点。过冷现象对凝固点的测定是有影响的,若过冷程度不大,则影响不明显;若过冷程度较大,将使测定结果偏低。因此,实际测定中,应尽量避免严重过冷现象的出现,可采用加入晶种或加速搅拌的方式降低过冷程度。

本实验利用绘制冷却曲线的思路对待测物进行缓慢降温,将降温过程中打破过冷现象后出现的温度平台或温度上升的最高点分别记为溶剂和溶液的凝固点,平行测定 3 次取平均值,即分别得到纯溶剂和尿素溶液的最终凝固点。

三、仪器与试剂

1. 仪器

电子分析天平,凝固点测定装置,数字式精密电子温差测量仪,温度计,移液管(25 mL),烧杯(500 mL),洗耳球等。

2. 试剂

尿素(AR),粗盐等。

四、实验步骤

1. 仪器安装

检查测定内管是否洁净干燥,按照图 2-4-2 所示安装凝固点测定装置。打开数字式精密电子温差测量仪,预热 15 min。

2. 冷冻剂制备

在冰浴槽内加入自来水(约一半容量)和适量粗盐,搅拌溶解,再放入碎冰块(冰水量约 1∶1),使冰盐浴温度低于待测物凝固点 2～3 ℃。测定过程中常搅拌冰水混合物,并适当补充碎冰,使冰盐浴保持低温环境。

3. 测定纯溶剂的凝固点

(1) 先确定测定内管及磁力搅拌子洁净干燥,再用移液管准确吸取 25.00 mL 蒸馏水置于测定内管中,轻轻放入磁力搅拌子。将温度传感器和手动搅拌装置分别插入测定内管橡胶塞的两孔中,将橡胶塞塞入测定内管,塞紧。温度传感器探头位置以离测定内管底部约 5 mm 处为宜,并确保温度传感器探头和手动搅拌装置不产生摩擦。确保空气套管干燥,将其置于冰盐浴中,并用橡皮塞塞紧。

(2) 粗测凝固点:将测定内管直接放入冰盐浴中,打开磁力搅拌开关,并结合手动缓慢搅

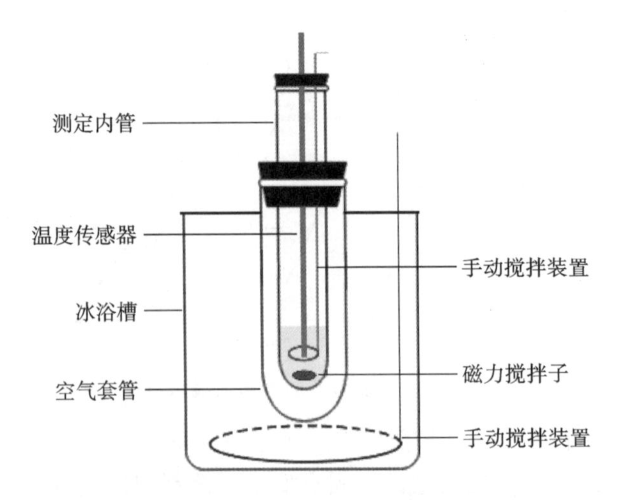

图 2-4-2　凝固点测定装置示意图

拌，观察温度读数变化。当测定内管内温度低于纯水凝固点 0.2 ℃时，加速搅拌，打破过冷现象。观察到温度回升后再减缓搅拌速度。当温度读数稳定后，记录蒸馏水的粗测凝固点。

（3）精测凝固点：取出测定内管，用手捂热使冰完全融化。再次将测定内管放入冰盐浴中，缓慢搅拌。当蒸馏水温度降至比粗测凝固点高 0.5 ℃时，快速将测定内管取出擦干，放入一直置于冰盐浴中的空气套管内，继续缓慢搅拌。当温度比粗测凝固点低 0.2 ℃时，加速搅拌，打破过冷现象。待温度回升，又缓慢搅拌，直至温度回升至最高点，即蒸馏水的精测凝固点，记录之。重复上述步骤测定两次，三次测量结果相差不能超过 0.05 ℃，计算平均值。

4. 测定尿素溶液的凝固点

取出测定内管，将冰全部捂化。用电子分析天平精确称取尿素 1.2 g(准确记录到小数点后四位)。将尿素全部转移至测定内管中，完全溶解。按测定纯溶剂凝固点的方法分别粗测和精测尿素溶液的凝固点，并做好数据记录。实验结束后，将测定内管和空气套管洗净烘干，将冰浴槽洗净擦干以防生锈。

五、实验数据记录与处理

将实验测得的纯溶剂及尿素溶液的凝固点数据记于表 2-4-1 中，根据实验原理中的公式计算尿素的摩尔质量。

表 2-4-1　实验数据记录及处理

室温：________　气压：________

待测样	测定次数	凝固点/℃	凝固点平均值/℃	ΔT_f /℃	尿素的摩尔质量/(g·mol^{-1})
纯溶剂	粗测				
	精测 1				
	精测 2				
	精测 3				
尿素溶液	粗测				
	精测 1				
	精测 2				
	精测 3				

六、实验注意事项

(1) 注意温度传感器探头放入的位置,并在搅拌时避免产生摩擦热。

(2) 测定过程中,搅拌速度十分关键,开始降温时应缓慢搅拌,打破过冷现象时迅速搅拌,温度回升后又缓慢搅拌。

(3) 反复测定的过程中,应避免溶剂的损失。

(4) 测定内管放入空气套管前,要将其擦干。空气套管不用时,将其置于冰盐浴中,并用橡皮塞塞紧,保持低温环境和冷气的干燥。

七、思考题

(1) 凝固点降低法测定摩尔质量的原理是什么?

(2) 什么是过冷现象?严重过冷现象有何弊端?如何避免严重过冷现象的发生?

(3) 利用凝固点降低法测定摩尔质量时,是否需要考虑溶质的用量?太多或太少对实验测定有何影响?

八、实验讨论与拓展

在用凝固点降低法测定物质的摩尔质量时,若溶质在溶液中有解离、缔合、溶剂化或生成络合物的情况出现,则用该法测得的摩尔质量为表观摩尔质量。另外,因为溶剂的凝固点降低只与溶质在溶剂中的质点数目有关,因此,通过测定凝固点的变化情况,可以用来研究药物分子在溶液中是否发生解离、缔合、溶剂化等现象。此外,可以测定某些药物的凝固点,通过判断其是否降低来检测药物的纯度。

(陆军军医大学　武丽萍)

实验五　原盐效应

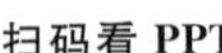
扫码看 PPT

实验预习内容

1. 过渡态理论。
2. 离子强度对反应速率的影响。
3. 朗伯-比尔(Lambert-Beer)定律,分光光度计的基本原理、使用方法和注意事项。

一、目的要求

(1) 掌握原盐效应及反应级数的测定方法。

(2) 熟悉分光光度计的检测原理和使用方法。

(3) 了解离子强度与反应速率常数的关系。

二、实验原理

1. 原盐效应

原盐效应是指在稀溶液中离子强度对化学反应速率的影响。

根据过渡态理论,由反应物转化为产物的化学反应过程中,存在一个一定构型的过渡态,此过渡态又称为活化络合物。活化络合物与反应物分子之间存在化学平衡。设在溶液中离子 A^{ZA} 和 B^{ZB} 的反应为

$$A^{ZA}+B^{ZB}\longrightarrow[AB^{ZA+ZB}]^{\neq}\xrightarrow{K}P$$

反应速率由活化络合物转化成产物的速率决定。

$$v=-\frac{dc_{\neq}}{dt}=v_{\neq}c_{\neq}=kc_Ac_B \tag{2-5-1}$$

式中,$v_{\neq}$ 为活化络合物不对称伸缩振动频率,$c_{\neq}$ 为活化络合物的浓度。

则速率常数 k 为

$$k=v_{\neq}\frac{c_{\neq}}{c_Ac_B} \tag{2-5-2}$$

对于真实溶液而言,活化络合物与反应物的平衡常数应用活度表示,即

$$K^{\neq}=\frac{a^{\neq}}{a_Aa_B}=\frac{c_{\neq}/c^{\ominus}}{\frac{c_Ac_B}{c^{\ominus}c^{\ominus}}}\times\frac{\gamma^{\neq}}{\gamma_A\gamma_B}=\frac{c_{\neq}}{c_Ac_B}\cdot c^{\ominus}\cdot\frac{\gamma^{\neq}}{\gamma_A\gamma_B}=K_c^{\neq}c^{\ominus}\cdot\frac{\gamma^{\neq}}{\gamma_A\gamma_B} \tag{2-5-3}$$

式中,$c^{\ominus}=1\ mol\cdot L^{-1}$。

由式(2-5-2)、式(2-5-3)可得

$$k=v_{\neq}\cdot\frac{K^{\neq}}{c^{\ominus}}\cdot\frac{\gamma_A\gamma_B}{\gamma^{\neq}}=k_0\cdot\frac{\gamma_A\gamma_B}{\gamma^{\neq}} \tag{2-5-4}$$

式中,k_0 为理想稀溶液中的反应速率常数。

由式(2-5-4)可知,反应速率受活度系数的影响,根据德拜·休克尔极限定律:

$$\lg\gamma = -Az_i^2\sqrt{I} \tag{2-5-5}$$

可知，活度系数 γ 与离子强度 I 有关。在稀溶液中加入电解质可改变离子强度，从而改变离子反应速率，这称为原盐效应。由式(2-5-4)、式(2-5-5)可得

$$\lg K = \lg k_0 - A[z_A^2 + z_B^2 - (z_A + z_B)^2]\sqrt{I} = \lg k_0 + 2Az_A z_B\sqrt{I} \tag{2-5-6}$$

由式(2-5-6)可知，对于稀溶液中的反应，当离子所带电荷为同号时，增加离子强度会提高反应速率；当离子所带电荷为异号时，增加离子强度会降低反应速率；当反应物不带电荷时，反应速率与离子强度无关。

2. 反应级数的测定

根据朗伯-比尔(Lambert-Beer)定律，某指定波长的光通过碘溶液后的光强度为 I，通过蒸馏水后的光强度为 I_0，则透光率 T 可表示为

$$T = I/I_0 \tag{2-5-7}$$

并且透光率与浓度之间的关系可表示为

$$\lg T = -\varepsilon bc \tag{2-5-8}$$

由此，根据所测溶液的吸光度可求得溶液的浓度。碱性染料结晶紫在中性溶液中以离子形式存在，具有离域的 π 电子体系：

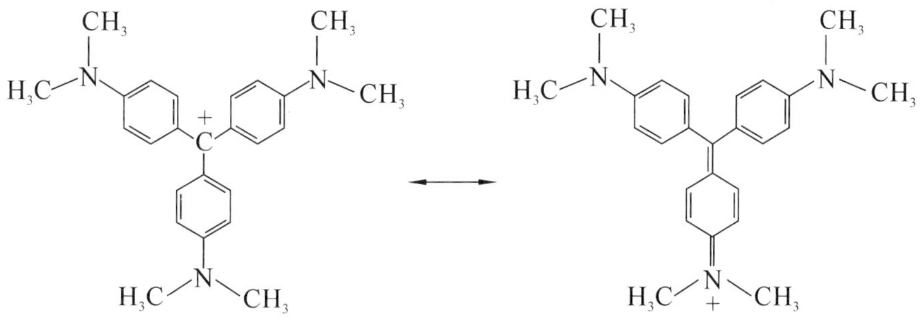

该离子的最高占据轨道与最低未占据轨道之间的能量差在可见光范围内，因此结晶紫吸收一定波长的可见光显现相应的补色。结晶紫在碱性溶液中以醇的形式存在，其反应式为

$$CR_3^+ + OH^- \rightleftharpoons CR_3OH$$

其最高占据轨道与最低未占据轨道之间的能量差较大，在紫外光范围内，因而呈无色。当 $pH \geqslant 10$ 时，该反应的速率方程为

$$v = \frac{dc_{R_3C^+}}{dt} = kc_{R_3C^+}^m c_{OH^-}^n \tag{2-5-9}$$

在 OH^- 的起始浓度远大于结晶紫起始浓度的情况下，反应中 OH^- 的浓度可视为常数，因此该反应的速率方程为

$$v = \frac{dc_{R_3C^+}}{dt} = k'c_{R_3C^+}^m \tag{2-5-10}$$

式中

$$k' = kc_{OH^-}^n \tag{2-5-11}$$

过量的 OH^- 也使反应中的离子强度保持不变，从而避免原盐效应对反应速率常数的影响。

(1) 确定反应级数 m。

对 $v = -\frac{dc_{R_3C^+}}{dt} = k'c_{R_3C^+}^m$ 进行积分。

当 $m=1$ 时，积分得

$$\ln \frac{c_{R_3C^+}}{c_0} = -k't \tag{2-5-12}$$

当 $m=2$ 时，积分得

$$\frac{1}{c_{R_3C^+}} - \frac{1}{c_0} = k't \tag{2-5-13}$$

将 $\ln c_{R_3C^+}$ 对 t 和 $1/c_{R_3C^+}$ 对 t 作图（或 $\ln A$ 对 t 和 $1/A$ 对 t 作图），根据所得曲线的形状判断 m 的值，再由该曲线的斜率可求得 k'。

（2）确定反应级数 n。

依据式（2-5-11），可确定反应级数 n 和反应速率常数 k。

$k' = kc_{OH^-}^n$，两边取对数后得

$$\lg k' = \lg k + n\lg c_{OH^-} \tag{2-5-14}$$

在相同的离子强度下，取不同的 OH^- 起始浓度，则由 $\lg k' = \lg k + n\lg c_{OH^-}$ 可得

$$n = \frac{\lg \frac{k'_1}{k'_2}}{\lg \frac{c_{1(OH^-)}}{c_{2(OH^-)}}} \tag{2-5-15}$$

三、仪器与试剂

1. 仪器

721 型分光光度计 1 台，10 mL、20 mL、25 mL 移液管各 1 支，10 mL 吸量管 1 支，50 mL 容量瓶 7 个，250 mL 烧杯 3 个，秒表 1 个，洗耳球 1 个等。

2. 试剂

2.5×10^{-5} mol·L^{-1} 结晶紫中性溶液，0.1 mol·L^{-1} NaOH 溶液，0.1 mol·L^{-1} KNO_3 溶液，蒸馏水。

四、实验步骤

1. 仪器装置

仔细阅读说明书，进一步学习分光光度计（图 2-5-1）的构造、原理和使用方法。

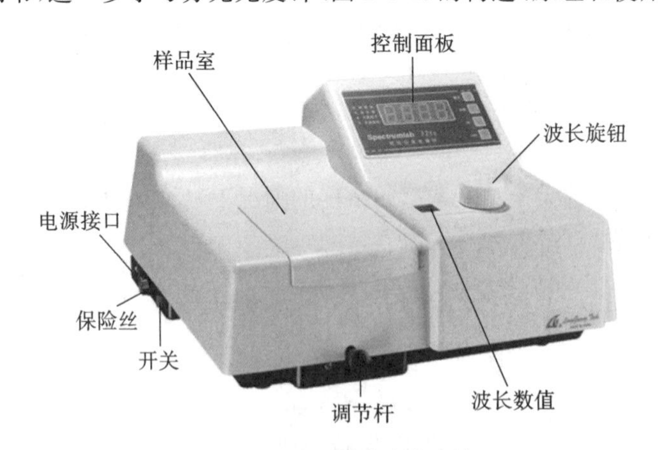

图 2-5-1　721 型分光光度计

2. 吸收光谱曲线的测定

取 10 mL 的 2.5×10^{-5} mol·L^{-1} 结晶紫中性溶液稀释至 50 mL，用分光光度计测定其吸收光谱曲线，求出最大吸收峰波长 λ_{max}。具体方法：在测量波长范围 550～660 nm 内，每隔 5 nm 测定 1 次（每改变 1 次波长都要先用空白溶液校正）。由所测的吸光度 A 与 λ 绘制 A-λ 曲

线，从而求得结晶紫中性溶液的最大吸收峰波长 λ_{max}。

3. 反应级数的测定

取 25 mL 2.5×10^{-5} mol·L^{-1}结晶紫中性溶液与 20 mL 0.1 mol·L^{-1} NaOH 溶液，各自稀释至 50 mL，然后将这两种溶液倒入 250 mL 烧杯中混合搅拌，同时开始计时。随后迅速将混合溶液装入吸收池中，在结晶紫中性溶液的最大吸收峰波长 λ_{max}处测定其吸光度，在 15 min 的测量时间内，每隔 30 s 测量 1 次。分别取 10 mL 0.1 mol·L^{-1} NaOH 溶液与 10 mL 0.1 mol·L^{-1} KNO_3溶液，按照上述实验重复 1 次。

4. 测定溶液离子强度对反应速率的影响

各取 10 mL 0.1 mol·L^{-1} NaOH 溶液分别与 1 mL、3 mL、5 mL、10 mL、15 mL 和 25 mL 0.1 mol·L^{-1} KNO_3溶液混合并各自稀释至 50 mL。将这些溶液分别与按步骤 2 配制的结晶紫中性溶液混合，并测定其吸光度。

五、实验数据记录与处理

1. 数据记录

将所测实验数据填入表 2-5-1 至表 2-5-3 中。

表 2-5-1 波长与吸光度数据记录

λ/nm	
吸光度 A	

表 2-5-2 反应级数的测定实验数据记录

实验量	1	2	3	4	5
浓度 $c/(\mu g\cdot mL^{-1})$					
吸光度 A					

表 2-5-3 溶液离子强度对反应速率影响的实验数据记录与处理

实验量	1	2	3	4	5
浓度 $c/(\mu g\cdot mL^{-1})$					
吸光度 A					
$\ln A$					
$1/A$					
t					

2. 数据处理

(1) 根据实验数据绘制结晶紫中性溶液的吸收光谱曲线，并由曲线确定最大吸收峰波长 λ_{max}。

(2) 根据朗伯-比尔定律求出结晶紫在 λ_{max}处的摩尔吸光系数。

(3) 根据实验步骤 3 的数据绘制 $\ln A$-t 和 $1/A$-t 曲线图，由此判断结晶紫的反应级数 m。再根据 $\ln\frac{c_{R_3C^+}}{c_0}=-k't$ 或 $\frac{1}{c_{R_3C^+}}-\frac{1}{c_0}=k't$ 作图，由曲线斜率求出 k'。

(4) 根据实验步骤 3 中 NaOH 的浓度和 k'，按公式 $n=\dfrac{\lg\frac{k'_1}{k'_2}}{\lg\frac{c_{1(OH^-)}}{c_{2(OH^-)}}}$ 求 NaOH 的反应级数

n，然后根据 $k' = kc_{OH^-}^n$ 求反应速率常数 k。

(5) 计算实验步骤 4 中各溶液的反应速率常数。

(6) 计算实验步骤 4 中各溶液的离子强度，绘制 $\lg k$-$\sqrt{I}$ 曲线，由该曲线的截距求出 k_0，并与 $\lg K = \lg k_0 - A[z_A^2 + z_B^2 - (z_A + z_B)^2]\sqrt{I} = \lg k_0 + 2Az_Az_B\sqrt{I}$ 计算所得的 k_0 比较。

六、实验注意事项

(1) 控制溶液 pH，酸性条件下碱性染料会发生质子化，同时会降低溶液中 OH^- 浓度。

(2) 控制溶液的离子浓度，避免发生同离子效应和盐效应。

(3) 控制溶液的温度 T，温度过高或者过低会影响反应速率测定。

七、思考题

(1) 在由扩散决定的离子反应中，原盐效应是否存在？

(2) 对于异号离子间的反应，为什么增加离子强度会降低活化络合物的浓度？

(3) 如果除了 OH^-，还有水分子与染料离子反应，应如何确定水分子的反应级数？

(4) 中性的反应物在高离子强度($I > 0.1\ mol \cdot kg^{-1}$)下反应时，为什么还存在原盐效应？

(5) 活化络合物的寿命一般为 10^{-13} s，远短于离子氛的弛豫时间(约 10^{-10} s)，在这种情况下，过渡态理论是否适用于溶液？

八、实验讨论与拓展

1. 盐效应

往弱电解质的溶液中加入与弱电解质没有相同离子的强电解质时，由于溶液中离子总浓度增大，离子间相互牵制作用增强，弱电解质解离的阴、阳离子结合形成分子的机会减小，从而使弱电解质分子浓度减小，离子浓度相应增大，解离度增大，这种效应称为盐效应(salt effect)。

盐效应造成溶解度降低时为盐析效应(salting out)；反之为盐溶效应(salting in)。

2. 盐效应的影响

(1) 使难溶物质溶解度增加。

(2) 使弱电解质电离度增大。

(3) 产生过饱和现象。

3. 同离子效应

两种含有相同离子的盐(或酸、碱)溶于水时，它们的溶解度(或酸度系数)都会降低，这种现象称为同离子效应。在弱电解质的溶液中，如果加入含有与该弱电解质相同离子的强电解质，就会使该弱电解质的电离度降低。同理，在电解质饱和溶液中，加入含有与该电解质相同离子的强电解质，也会降低该电解质的溶解度。

需要指明的是，在同离子效应发生的同时，必然伴随着盐效应的发生。盐效应虽然可使弱酸或弱碱的电离度增大，但是数量级一般不会改变。

(川北医学院　罗杰伟　赵波)

实验六　液相反应平衡常数的测定

实验预习内容

1. 平衡常数的表示方法。
2. 可见分光光度计的工作原理、使用方法及注意事项。

扫码看 PPT

扫码看视频

一、目的要求

(1) 掌握分光光度法测定液相平衡常数的方法。
(2) 熟悉分光光度计的使用方法。
(3) 了解 723 型分光光度计的基本原理。

二、实验原理

铁离子与硫氰酸根离子在溶液中可生成一系列的配位离子，最少可以配位一个硫氰酸根离子，多则可以配位六个硫氰酸根离子，这些离子可共存于同一平衡体系中，如随着硫氰酸根离子浓度的增加，可以依次生成$[FeSCN]^{2+}$、$[Fe(SCN)_2]^{+}$、$[Fe(SCN)_3]$、$[Fe(SCN)_4]^{-}$、$[Fe(SCN)_5]^{2-}$、$[Fe(SCN)_6]^{3-}$配合物。但当铁离子及硫氰酸根离子的浓度很低时，其反应式为

$$Fe^{3+} + SCN^{-} \longrightarrow [FeSCN]^{2+}$$

即反应被控制在仅仅生成最简单的$[FeSCN]^{2+}$。其平衡常数表示为

$$K_c = \frac{[FeSCN^{2+}]}{[Fe^{3+}][SCN^{-}]} \tag{2-6-1}$$

根据朗伯-比尔定律可知吸光度与溶液浓度成正比，因此可利用分光光度计测定其吸光度，从而计算出平衡时硫氰合铁离子的浓度以及硫氰酸根离子的浓度，进而求出该反应的平衡常数 K_c。

通过实验和计算可以看出，在同一温度下，改变铁离子(或硫氰酸根离子)的浓度时，溶液的颜色改变，平衡发生移动，但平衡常数不变。

三、仪器与试剂

1. 仪器

723 型分光光度计，100 mL 锥形瓶 7 个，25 mL 带刻度移液管 3 支，5 mL 带刻度移液管 1 支等。

2. 试剂

4×10^{-4} mol·L^{-1} NH_4SCN 溶液，0.1 mol·L^{-1} $FeCl_3$溶液等。

四、实验步骤

1. 仪器装置

分光光度计光学系统原理如图 2-6-1 所示，仪器采用光栅型单光束结构光路，由卤钨灯或

氘灯发出的连续辐射经聚光镜聚光后投向单色器入射狭缝，此狭缝正好处于聚光镜及单色器内准直镜的焦平面上，因此，进入单色器的复合光通过平面反射镜及准直镜变成平行光射向色散元件光栅，光栅将入射的复合光通过衍射作用形成按照一定顺序均匀排列的连续单色光谱，此单色光谱重新回到准直镜上。由于仪器出射狭缝设置在准直镜的焦平面上，这样，从光栅色散出来的单色光谱经准直镜聚光后成像在出射狭缝上，出射狭缝选出指定宽带的单色光通过聚光镜落在样品池被测样品中心，样品吸收后透射的光射向光电池接收面。

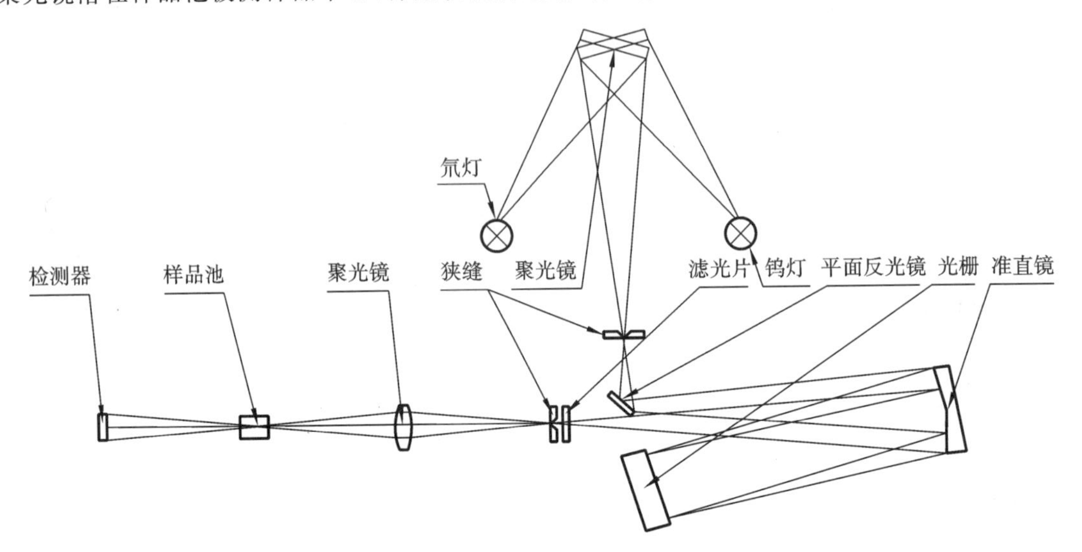

图 2-6-1　光学系统原理图

2. 分光光度计的调节

分光光度计如图 2-6-2 所示，接通电源，按下电源开关，预热 30 min。把波长调到需要波长（本次实验波长为 520 nm），按“功能”键，使“透射比”指示灯亮，打开样品池盖，将遮光体置于光路中，盖上样品池盖，按“调 0%”键，显示“00.0”。按“功能”键，使“吸光度”指示灯亮，打开样品池盖，用 1 cm 比色皿装空白溶剂并放入光路中，盖上样品池盖，按“调 100%”键，显示“—.000”。调节完毕，用 1 cm 比色皿盛待测样品并放入光路中，盖上样品池盖，显示数值即为试样的吸光度 A。

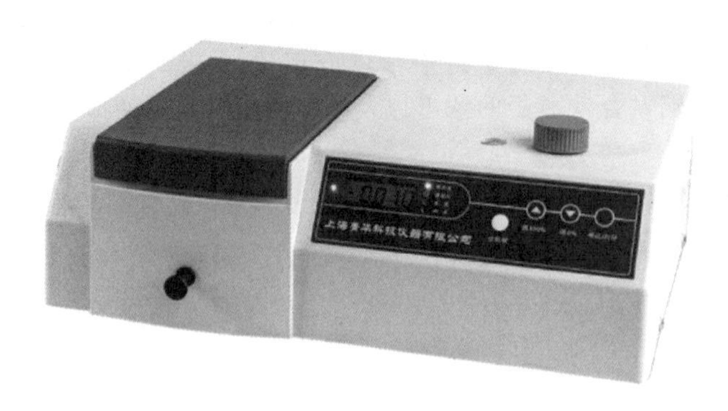

图 2-6-2　分光光度计正视图

3. 溶液吸光度的测定

取洁净、干燥的锥形瓶 7 个，从 1～7 编号。按照表 2-6-1 所示的用量，各编号瓶中依次加入蒸馏水和 0.1 mol·L^{-1} $FeCl_3$溶液。如在编号瓶 1 中，用移液管加入 0.1 mol·L^{-1} $FeCl_3$溶液 25.00 mL；在编号瓶 2 中，用移液管加入蒸馏水 20.00 mL 和 0.1 mol·L^{-1} $FeCl_3$溶液 5.00 mL，混匀。其余编号瓶以此类推，备用。

取编号瓶 1，按表 2-6-1 所示加入 4×10^{-4} mol·L^{-1} NH_4SCN 溶液 25.00 mL，混匀后，置于分光光度计光路中于波长 520 nm 处测其吸光度，记录数据于表 2-6-2 中。接着如表 2-6-1 所示在编号瓶 2 中加入 4×10^{-4} mol·L^{-1} NH_4SCN 溶液 25.00 mL，混匀后，置于分光光度计光路中于波长 520 nm 处测其吸光度，记录于表 2-6-2 中。其余测定以此类推。

表 2-6-1　不同浓度试样的配制表

单位：mL

试剂	编号瓶						
	1	2	3	4	5	6	7
H_2O	0.00	20.00	21.00	21.50	22.00	22.50	23.00
$FeCl_3$ 溶液（0.1 mol·L^{-1}）	25.00	5.00	4.00	3.50	3.00	2.50	2.00
NH_4SCN 溶液（4×10^{-4} mol·L^{-1}）	25.00	25.00	25.00	25.00	25.00	25.00	25.00

五、实验数据记录与处理

将测得的吸光度的数据记录于表 2-6-2 中，根据下面的分析，计算数据并填写于表 2-6-2 中，计算其平衡常数 K_c。

表 2-6-2　数据记录与计算表

编号瓶	$[Fe^{3+}]_{始}$ /(mol·L^{-1})	$[SCN^-]$ /(mol·L^{-1})	吸光度 (A)	吸光度比	$[FeSCN^{2+}]_{平}$ /(mol·L^{-1})	$[Fe^{3+}]_{平}$ /(mol·L^{-1})	$[SCN^-]_{平}$ /(mol·L^{-1})	K_c
1	5×10^{-2}	2×10^{-4}						
2	1×10^{-2}	2×10^{-4}						
3	8×10^{-3}	2×10^{-4}						
4	7×10^{-3}	2×10^{-4}						
5	6×10^{-3}	2×10^{-4}						
6	5×10^{-3}	2×10^{-4}						
7	4×10^{-3}	2×10^{-4}						

表中数据按下列方法处理。

对于编号瓶 1 中的溶液（1 号溶液），Fe^{3+} 与 SCN^- 反应达平衡时，可认为 SCN^- 全部消耗，平衡时硫氰合铁离子的浓度即为 SCN^- 的起始浓度。即

$$[FeSCN^{2+}]_{平,1}=[SCN^-]_{始,1}$$

以 1 号溶液的吸光度为基准，2 号溶液的吸光度 A_2 与 1 号溶液的吸光度 A_1 之比有如下关系：

$$\frac{A_2}{A_1}=\frac{[FeSCN^{2+}]_{平,2}}{[FeSCN^{2+}]_{平,1}}=\frac{[FeSCN^{2+}]_{平,2}}{[SCN^-]_{始,1}}$$

其余编号瓶中的溶液以此类推。

各溶液中离子平衡浓度 $[FeSCN^{2+}]_{平}$、$[Fe^{3+}]_{平}$、$[SCN^-]_{平}$ 可分别按下式计算。

$$[FeSCN^{2+}]_{平}=\text{吸光度比}\times[FeSCN^{2+}]_{平,1}=\text{吸光度比}\times[SCN^-]_{始,1}$$

$$[Fe^{3+}]_{平}=[Fe^{3+}]_{始}-[FeSCN^{2+}]_{平}$$

$$[SCN^-]_{平}=[SCN^-]_{始}-[FeSCN^{2+}]_{平}$$

六、实验注意事项

(1) 每次测量前,检查波长是否已调节好。

(2) 比色皿在盛装样品前,应用待测样品润洗3次,测量结束后比色皿应用蒸馏水清洗干净。若比色皿内壁有颜色,可用无水乙醇浸泡清洗。

(3) 向比色皿中加样时,若样品流到比色皿外壁,用擦镜纸擦拭干净后测量,切忌用滤纸擦拭,以免比色皿出现划痕。

(4) 拿取比色皿时不可触摸透光面。

七、思考题

(1) 为何可用$[FeSCN^{2+}]_{平}$=吸光度比×$[SCN^-]_{始,1}$来计算$[FeSCN^{2+}]_{平}$?

(2) 当$[Fe^{3+}]$、$[SCN^-]$较大时,能否用$K_c=\frac{[FeSCN^{2+}]}{[Fe^{3+}][SCN^-]}$来计算$K_c$?

八、实验讨论与拓展

本实验测定平衡常数是在液相中进行的,随着反应的进行,反应体系有颜色的变化,可以利用分光光度法监测反应的进程。由此可以得出,在反应体系中有颜色变化时可以考虑测定其吸光度,利用吸光度与浓度的关系,解决化学或药学中相关的问题,例如可以利用分光光度法测定丙酮碘化反应的速率方程。

请同学们思考,若反应体系为气相,要测平衡常数,又有哪些方法可以选择呢?

(黄河科技学院 侯巧芝)

实验七　完全互溶双液系的沸点-组成图的绘制

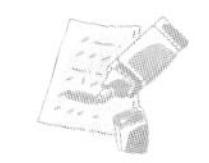

实验预习内容

1. 相律、液体的沸点、T-x 相图、完全互溶双液系、恒沸点和恒沸合物等概念。
2. 物质的折光率及其与组成的关系。
3. 阿贝折光仪的使用方法。

扫码看 PPT

一、目的要求

(1) 掌握恒压下双组分液体气-液平衡相图绘制的原理。

(2) 熟悉双组分液体的沸点和组成的测定方法。

(3) 了解相图的概念、相律的概念和精馏原理。

二、实验原理

在常温常压下，两种液体混合而成的体系称为双液系。若两种液体能以任意比例相互溶解，称为完全互溶双液系；若两种液体只能在一定比例范围内相互溶解，称为部分互溶双液系。例如，苯-乙醇体系、正丙醇-水体系、环己烷-乙醇体系都是完全互溶双液系，苯-水体系则是部分互溶双液系。

根据相律，自由度＝组分数－相数＋2。因此，对于完全互溶双液系，组分数为 2，相数最小为 1，最大自由度为 3，分别是压力、温度和组成；在一定压力下，最大自由度为 2，分别是温度和组成。系统达到气-液平衡时相数为 2，则最大自由度为 1，即在一定压力下，当完全互溶双液系达到气-液平衡时，可以独立改变的强度性质只有一个，即温度或组成，或者说在该状态下，组成受温度的影响。

液体的沸点是指液体的蒸气压与外压相等时的温度。在一定外压下，纯液体的沸点具有确定值。但完全互溶双液系的沸点除与外压有关外，还与双液系的组成有关，即与双液系中两种液体的相对含量有关。

通常在一定压力下将双液系的沸点对其气相和液相组成作图，所得图形称为双液系 T-x 相图。在恒压下，完全互溶双液系的 T-x 相图有 3 种类型。

(1) 溶液沸点介于两种纯组分沸点之间，如苯-甲苯体系(图 2-7-1(a))。

(2) 溶液具有最高恒沸点，如 HCl-水体系、丙酮-氯仿体系、硝酸-水体系等(图 2-7-1(b))。

(3) 溶液具有最低恒沸点，如环己烷-乙醇体系、水-乙醇体系等(图 2-7-1(c))。

第 1 类溶液在恒压下蒸馏时，其气相组成和液相组成并不相同，具有较高蒸气压的液体在气相中的组成大于在液相中的组成，所以可以用简单的蒸馏方法使两种组分分离。第 2、3 类溶液与第 1 类溶液的根本区别是溶液在最低或最高恒沸点时气、液两相组成相同，因此通过简单的蒸馏方法只能获得一种纯组分和最高或最低恒沸混合物。要想获得两种纯组分，还要采

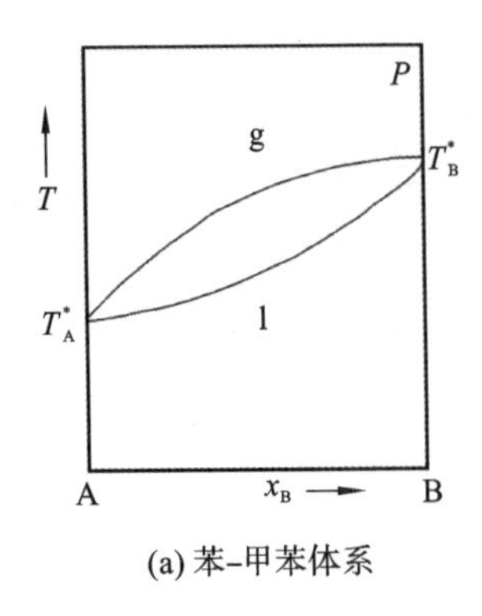

(a) 苯-甲苯体系

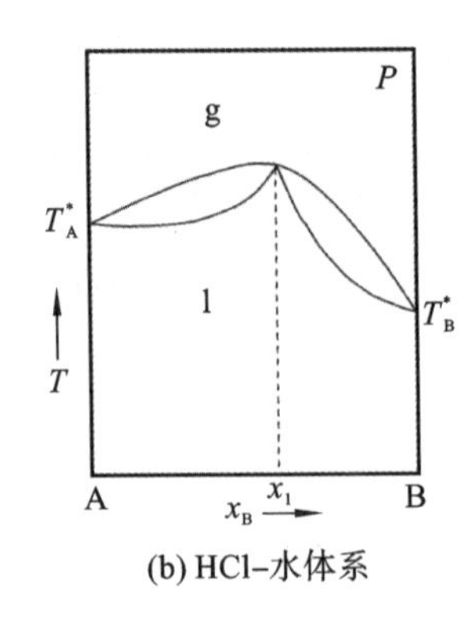

(b) HCl-水体系

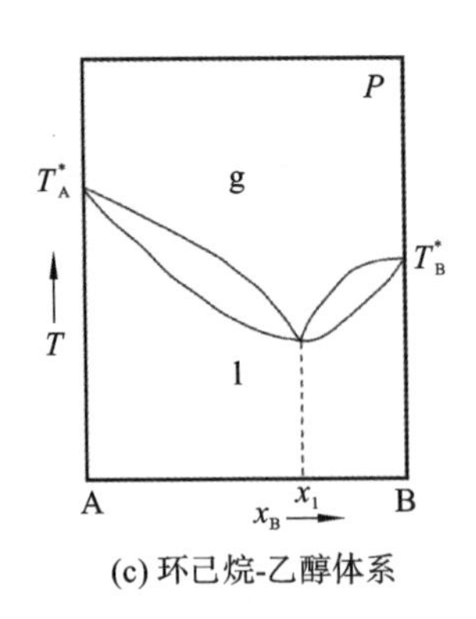

(c) 环己烷-乙醇体系

图 2-7-1　完全互溶双液系 *T-x* 相图的 3 种类型

取其他方法。

根据相律，对二组分体系，当压力恒定时，在气、液两相共存区域中，自由度等于 1，若温度一定，气、液两相成分也就确定。对于定组成双液系，由杠杆原理可知，两相的相对量也恒定。反之，在一定的实验装置中，利用回流的方法保持气、液两相相对量恒定，则体系的沸点温度恒定。待两相平衡后，取出两相中的样品，采用物理方法或化学方法分析两相的组成，可分别得出在该温度下气、液两相平衡组成的坐标点。依次改变双液系的组成，再按上述方法可找出另一对坐标点。这样测得若干坐标点后，分别按气相点和液相点组成连成气相线和液相线，即得双液系的 T-x 相图。

本实验两相中的成分分析均采用折光率测定法。物质的折光率是一特征数值，它与物质的浓度及温度有关，大多数液态有机化合物的折光率的温度系数为−0.0004，因此在测量物质的折光率时要求温度恒定。一般温度变化控制在±0.2 ℃内时，能从阿贝折光仪上准确测到小数点后 4 位有效数字。溶液的浓度、组成不同，折光率也不同。

本实验选用的是环己烷和乙醇，两者折光率相差较大，并且折光率的测定只需要少量的样品，因此可先配制一系列已知组成、浓度的溶液，在恒定温度下测其折光率，绘制折光率-组成工作曲线。然后利用回流冷凝法，用沸点仪测定不同组成的环己烷-乙醇混合物的沸点，收集互成平衡时的气、液两相，用阿贝折光仪测定不同沸点温度时气、液两相的折光率，再由折光率-组成工作曲线查得相应的组成，绘制出平衡相图。

三、仪器与试剂

1. 仪器

沸点测定仪（温度计、电热装置、沸点管），阿贝折光仪，调压变压器，吸管（长、短），10 mL 具塞小试管 9 支，25 mL 量筒 1 个，吹风机，洗耳球等。

2. 试剂

环己烷（AR），无水乙醇（AR），丙酮（AR）等。

四、实验步骤

1. 折光率-组成工作曲线的绘制

配制环己烷摩尔分数分别为 0.10、0.20、0.30、0.40、0.50、0.60、0.70、0.80 和 0.90 的环己烷-乙醇溶液各 10 mL，分别测定上述 9 种溶液以及纯环己烷和无水乙醇共 11 个样品的折光率，绘制环己烷-乙醇已知组成溶液的折光率-组成工作曲线。

2. 测定环己烷-乙醇溶液的沸点、折光率

(1) 沸点测定仪的冷凝管通冷凝水。

(2) 取环己烷摩尔分数为0.10的环己烷-乙醇溶液25 mL,从加料孔加入沸点测定仪中,打开变压器电源开关,通电加热,待达到气、液两相平衡时,记录温度,停止加热。

(3) 用吸管分别吸取气相冷凝液和溶液,测定相应的折光率,回收废液。

(4) 依次取环己烷摩尔分数分别为0.20、0.30、0.40、0.50、0.60、0.70、0.80和0.90的环己烷-乙醇溶液,以及纯环己烷和无水乙醇25 mL,重复步骤(2)和(3),分别记录气-液平衡温度及相应的折光率。

五、实验数据记录与处理

(1) 绘制出环己烷-乙醇溶液的折光率-组成工作曲线。

(2) 用上述工作曲线确定各气、液组成,填入表2-7-1中。

(3) 绘制出环己烷-乙醇的 T-x 相图,并由图找出其恒沸点和恒沸点组成。

表 2-7-1 环己烷-乙醇溶液组成与折光率实验数据记录

室温:_______℃ 气压:_______kPa

样品	沸点	气相组成		液相组成	
		折光率	组成$_{环己烷}$	折光率	组成$_{环己烷}$
1					
2					
3					
4					
5					
6					
7					
8					
9					

六、实验注意事项

(1) 在测定纯液体样品时,沸点仪必须是干燥的。

(2) 在整个实验过程中,取样管必须是干燥的。

(3) 取样至阿贝折光仪测定时,取样管应该垂直向下。

(4) 在使用阿贝折光仪读取数据时,特别要注意在气相冷凝液样品与液相样品之间交替测定时,一定要用擦镜纸将镜面擦干或用洗耳球将镜面吹干。

(5) 注意线路的连接,加热时,应缓慢将变压器调至合适电压。

(6) 如电热丝未接通,则关闭电源,首先检查线路,然后检查电热丝的接触情况,进行适当调整。

七、思考题

(1) 绘制环己烷-乙醇溶液的折光率-组成工作曲线的目的是什么?

(2) 如何判断气、液两相已达平衡?

(3) 分析实验误差产生的原因。

八、实验讨论与拓展

在药学中相图的绘制有着重要的应用,药物合成中可汽化物质的分离提纯(如蒸馏、分馏和精馏,溶剂的回收),在药物分析中气相色谱的分离原理的建立都是借助相图完成的。绘制相图可以帮助我们了解最低恒沸点、不同温度和压力下物质的存在状态等信息。此外，相平衡还被广泛应用于新剂型设计和药物制剂配伍变化的研究中，为药物制剂发展提供理论基础。

附

1. 阿贝折光仪的使用

(1) 用擦镜纸将镜面擦拭干净，取样管垂直向下，将样品滴加在镜面上，注意不要有气泡，然后将上棱镜合上，关上旋钮。

(2) 打开遮光板，合上反射镜。

(3) 轻轻旋转目镜，使视野最清晰。

(4) 旋转刻度调节手轮(下手轮)，使目镜中出现明暗面(中间有色散面)。

(5) 旋转色散调节手轮(上手轮)，使目镜中色散面消失，出现半明半暗面。

(6) 再旋转刻度调节手轮(下手轮)，使分界线处在十字相交点。

(7) 在下标尺上读取样品的折光率。

2. 沸点测定仪

各种沸点测定仪的具体构造虽不相同，但其设计思路都集中于如何正确测定沸点、便于取样分析、防止过热及避免分馏等。本实验所用沸点测定仪如图 2-7-2 所示。这是一只带回流冷凝管的长颈圆底烧瓶。冷凝管底部有一半球形小槽，用以收集冷凝下来的气相样品。液相样品则通过烧瓶上的侧管抽取。电流经变压器和粗导线通过浸于溶液中的电热丝，电热丝直接加热溶液，这样既可避免溶液沸腾时的过热现象，又能防止暴沸。

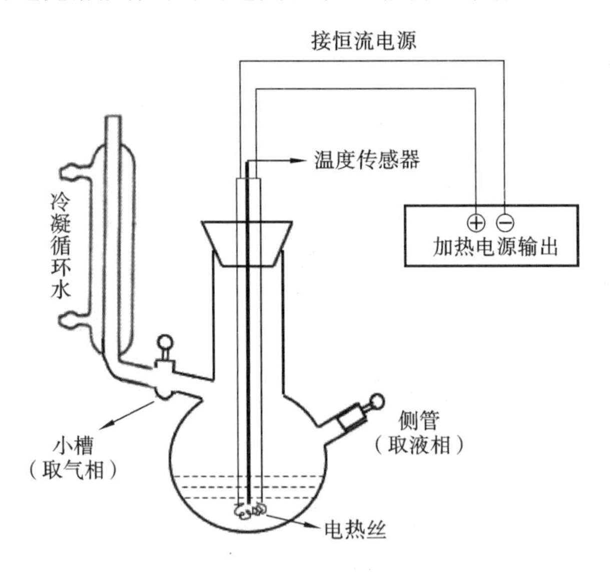

图 2-7-2 沸点测定仪示意图

分析平衡时气相和液相的组成，须正确取得气相和液相样品。沸点测定仪中蒸气的分馏作用会影响气相的平衡组成，使取得的气相样品的组成与气-液平衡时的组成产生偏差，因此要减少气相的分馏作用。

本实验中所用沸点测定仪是将平衡时的蒸气凝聚在冷凝管底部的半球形小槽内，在长颈圆底烧瓶中的溶液不会溅入半球形小槽的前提下，尽量缩短半球形小槽与长颈圆底烧瓶的距离，为防止分馏，尽量减小半球形小槽的体积。为了加速达到体系的平衡，可把半球形小槽中最初冷凝的液体倾倒回长颈圆底烧瓶中。

(宁夏医科大学 姚惠琴)

实验八　分配系数的测定

实验预习内容

扫码看 PPT

1. 分配定律相关内容。
2. 滴定管的规范操作方法及注意事项。

一、目的要求

(1) 掌握分配系数的测定方法。

(2) 熟悉测定苯甲酸在碳酸二甲酯和水中分配系数的原理。

(3) 了解苯甲酸在碳酸二甲酯和水中的分子形态。

二、实验原理

由分配定律可知，在恒温恒压下，一种溶质溶解在两种互不相溶的溶剂中时，若该溶质在两相中既不发生解离，也不发生缔合，其在两相中的浓度比则为一个常数，用式(2-8-1)表示。该常数即为该溶质在两相中的分配系数，用符号 K 表示。

$$K=\frac{c_{\mathrm{A}}}{c_{\mathrm{B}}} \tag{2-8-1}$$

式中，c_{A} 为该溶质在溶剂 A 中的浓度，c_{B} 为该溶质在溶剂 B 中的浓度。严格说，溶质在两相中的活度比才是常数，因此，上式只适用于稀溶液。

若溶质在溶剂 A 中不电离也不缔合，而在溶剂 B 中缔合成双分子，则分配系数的表达式为

$$K=\frac{c_{\mathrm{A}}^{2}}{c_{\mathrm{B}}} \tag{2-8-2}$$

反之，则分配系数的表达式为

$$K=\frac{c_{\mathrm{A}}}{c_{\mathrm{B}}^{2}} \tag{2-8-3}$$

苯甲酸在碳酸二甲酯和水中都有一定的溶解度，通过测定不同质量苯甲酸在相同体积碳酸二甲酯和水中达到分配平衡后的浓度，再由上面三个公式即可推知苯甲酸在碳酸二甲酯和水中的分子形态。

三、仪器与试剂

1. 仪器

分液漏斗(125 mL)，锥形瓶(150 mL)，吸量管(2 mL、5 mL)、移液管(25 mL)，碱式滴定管或聚四氟乙烯滴定管(50 mL)等。

2. 试剂

苯甲酸，碳酸二甲酯，0.05 mol·L^{-1} NaOH 标准溶液，酚酞指示剂等。

四、实验步骤

(1) 取 3 个清洁干燥的 125 mL 分液漏斗，分别标号，用移液管分别向 3 个分液漏斗中准确移取 25.00 mL 碳酸二甲酯和 25.00 mL 蒸馏水。再准确称取 0.8 g、1.2 g、1.6 g 苯甲酸，分别置于 3 个分液漏斗中，在室温下多次振摇，使固体苯甲酸充分溶解于两相中。振摇时两手不可触及分液漏斗的盛液部分，静置 1 h，待分层。

(2) 用吸量管从 1 号分液漏斗中准确吸取下层液 5.00 mL 于清洁干燥的锥形瓶中，再加入 25 mL 蒸馏水和 1 滴酚酞指示剂，用 NaOH 标准溶液滴定至终点。平行滴定 2 次，2 次结果的差值不超过 0.05 mL。

(3) 用吸量管准确吸取上层液 2.00 mL 于另 1 个清洁干燥的锥形瓶中，同步骤 2 进行 2 次平行滴定。根据滴定结果计算水层和碳酸二甲酯层中苯甲酸的浓度。

(4) 同上述方法依次测定第 2、3 号分液漏斗中水层和碳酸二甲酯层中苯甲酸的浓度。

(5) 记录数据并计算相关结果，确定苯甲酸在碳酸二甲酯和水中的分配系数属于哪种类型，进而确定其在两相中的缔合情况。

五、实验数据记录与处理

将消耗的 NaOH 标准溶液的体积及相关计算结果记入表 2-8-1 中。

表 2-8-1　NaOH 标准溶液体积及计算结果

实验温度：________℃，NaOH 浓度：________ mol · L^{-1}

瓶号	下层用 NaOH 标准溶液/mL			上层用 NaOH 标准溶液/mL			c_W	c_B	$\frac{c_W}{c_B}$	$\frac{c_W^2}{c_B}$	$\frac{c_W}{c_B^2}$
	(1)	(2)	平均	(1)	(2)	平均					
1											
2											
3											

六、实验注意事项

(1) 振摇分液漏斗时动作幅度要大，促使苯甲酸在两相中溶解、分配充分。

(2) 在用吸量管准确吸取下层液时，为了防止上层液进入，应先用食指按住吸量管上端管口，把管尖迅速插入下层液中，然后松开食指，小心吸取下层液。

(3) 规范操作滴定管，控制滴定速度，滴定终点的判断一定要准确，否则影响苯甲酸浓度的测定。

七、思考题

(1) 测定分配系数是否要求恒温？为什么？

(2) 为什么摇动分液漏斗时，不能用手接触分液漏斗的盛液部分？

(3) 苯甲酸的质量为什么需要准确称取？

八、实验讨论与拓展

药物进入体内，需要穿过细胞膜，细胞膜主要由脂质和蛋白质组成，因此，药物通过细胞膜的速率在很大程度上取决于它们的脂溶性。已有研究表明，药物脂溶性对其发挥生物活性具有决定性意义，例如，麻醉剂的生物活性与其在脂相和水相中的分配系数息息相关。目前，药物的定量结构-活性关系(QSAR)研究中，广泛使用的参数之一便是药物的分配系数。测定分配系数的方法还有高效液相色谱法及分光光度法等。

(陆军军医大学　武丽萍)

实验九　电动势的测定和应用

扫码看 PPT

实验预习内容

1. 对消法测定电动势的原理。
2. 原电池装置的安装。
3. 电位差计的基本原理、使用方法、注意事项。

一、目的要求

(1) 掌握对消法测定电动势的原理及电位差计的使用方法。
(2) 熟悉电极和盐桥的制备和处理方法。
(3) 了解可逆电池的电动势的测定及应用。

二、实验原理

原电池由两个半电池组成，每个半电池包含一个电极和相应的电解质溶液。不同的半电池可以组成各种各样的原电池。电池反应中正极发生还原反应，负极发生氧化反应，而电池反应是电池中两个电极反应的总和。其电动势为组成该电池的两个半电池的电极电势的代数和。若已知其中一个半电池的电极电势，通过测定电动势，即可求得另一个半电池的电极电势。目前尚不能从实验中测定单个半电池的电极电势。因此，在电化学中，电极电势是以某一电极为标准而求出其他电极的相对值。现在国际上采用标准氢电极作为标准电极，即在 $a_{H^+}=1$、$p_{H_2}=100$ kPa 时被氢气所饱和的铂黑电极。由于标准氢电极使用起来比较麻烦，通常把具有稳定电极电势的电极，如甘汞电极、Ag-AgCl 电极作为实验中常用的参比电极。

通过对电池电动势的测定，可求算某些反应的 ΔH、ΔS、ΔG 等热力学变量、难溶电解质的溶度积和溶液的 pH 等参数。用电动势法求电极电势，必须先设计好一个可逆电池，该电池反应就是目标反应。电池电动势不能直接用伏特计来测定，因为当伏特计与待测电池接通后，整个线路便有电流通过，此时电池内部由于存在内电阻而产生电位降，并在电池两电极中发生化学反应，溶液浓度发生变化，电动势数值不稳定，所以要准确测定电池电动势，只有在无电流的情况下进行，测定电池电动势一般采用对消法。将化学反应设计为可逆电池测定电动势，是获得热力学数据的一种有效手段，相较一般的化学测量方法精确、快速和简便，因此电池电动势的测定对化学研究有重要意义。

应用 1：通过电动势的测定求算电池反应的热力学变量。

设计电池如下：

Ag|$AgNO_3$(0.001 mol·L^{-1})，HNO_3(0.100 mol·L^{-1}) ‖ HNO_3(0.100 mol·L^{-1})，Q-H_2Q|Pt

电池反应式为

$$2Ag+2H^{+}+Q\longrightarrow 2Ag^{+}+H_2Q$$

根据能斯特(Nernst)方程，电池电动势为

$$E_1 = E_1^{\ominus} - \frac{RT}{2F}\ln\frac{a_{Ag^+}^2 \cdot a_{H_2Q}}{a_{H^+}^2 \cdot a_Q} \tag{2-9-1}$$

式中，$E_1^{\ominus} = \frac{RT}{2F}\ln K^{\ominus}$，$K^{\ominus}$ 为反应标准平衡常数。

为了测定 $E_1^{\ominus}$，还需要设计下列两个电池。

$Hg(l)\text{-}Hg_2Cl_2(s)$|饱和 KCl 溶液‖$AgNO_3(0.001\ mol \cdot L^{-1})$|Ag

根据能斯特方程，有

$$E_2 = \varphi_{Ag^+/Ag}^{\ominus} - \frac{RT}{2F}\ln\frac{1}{a_{Ag^+}^2} - \varphi_{饱和甘汞} \tag{2-9-2}$$

$Hg(l)\text{-}Hg_2Cl_2(s)$|饱和 KCl 溶液‖$HNO_3(0.100\ mol \cdot L^{-1})$，$Q\text{-}H_2Q$|Pt

根据能斯特方程，有

$$E_3 = \varphi_{Q\text{-}H_2Q}^{\ominus} - \frac{RT}{2F}\ln\frac{a_{H_2Q}}{a_{H^+}^2 \cdot a_Q} - \varphi_{饱和甘汞} \tag{2-9-3}$$

由以上各式可得

$$E_1^{\ominus} = E_1 + E_2 - E_3 + \varphi_{Q\text{-}H_2Q}^{\ominus} - \varphi_{Ag^+/Ag}^{\ominus} \tag{2-9-4}$$

因此，由 $E_1^{\ominus}$ 可求得 $K^{\ominus}$ 和 $\Delta_r G_m^{\ominus}$。

在恒温恒压条件下，可逆电池所做的电功是最大非体积功 W'，而 W' 等于体系自由能的降低，即为 $-\Delta_r G_m$，根据热力学与电化学的关系，我们可得

$$\Delta_r G_m^{\ominus} = -nFE^{\ominus}$$

$$-RT\ln K^{\ominus} = \Delta_r G_m^{\ominus} \tag{2-9-5}$$

根据吉布斯-亥姆霍兹(Gibbs-Helmholtz)方程，有

$$\Delta_r G_m = \Delta_r H_m - T\Delta_r S_m$$

$$\Delta_r H_m = \Delta_r G_m + 2FE\left(\frac{\partial E}{\partial T}\right)_p \tag{2-9-6}$$

$$\Delta_r S_m = 2F\left(\frac{\partial E}{\partial T}\right)_p \tag{2-9-7}$$

由实验可测得不同温度时的 E 值，以 E 对 T 作图，从曲线的斜率可求出任一温度下的 $\left(\frac{\partial E}{\partial T}\right)_p$ 值，进而求出化学反应的 $\Delta_r H_m^{\ominus}$、$\Delta_r S_m^{\ominus}$。

应用 2：通过电动势的测定求算溶液的 pH。

设计电池如下：

$Hg(l)\text{-}Hg_2Cl_2(s)$|饱和 KCl 溶液‖饱和 $Q\text{-}H_2Q$ 的未知 pH 溶液|Pt

醌氢醌($Q\text{-}H_2Q$)为等摩尔的醌和氢醌的结晶化合物，在水中溶解度很小，作为正极时其反应式为

$$Q + 2H^+ + 2e^- \longrightarrow H_2Q$$

$$\varphi_{右} = \varphi_{H_2Q}^{\ominus} - \frac{RT}{2F}\ln\frac{a_{H_2Q}}{a_{H^+}^2 \cdot a_Q} = \varphi_{H_2Q}^{\ominus} - \frac{2.303RT}{F}\text{pH} \tag{2-9-8}$$

$$E = \varphi_{右} - \varphi_{左} = \varphi_{Q\text{-}H_2Q}^{\ominus} - \frac{2.303RT}{F}\text{pH} - \varphi_{饱和甘汞} \tag{2-9-9}$$

$$\text{pH} = \frac{\varphi_{Q\text{-}H_2Q}^{\ominus} - E - \varphi_{饱和甘汞}}{2.303RT/F} \tag{2-9-10}$$

由以上推导可知，只要测得电池电动势 E，即可通过式(2-9-10)求得未知溶液的 pH。

三、仪器与试剂

1. 仪器

SDC-Ⅱ型电位差计1台(图2-9-1),恒温设备1台,银电极1支,铂电极1支,饱和甘汞电极1支,盐桥玻管4支,20 mL移液管1支,洗耳球1个,50 mL烧杯6个等。

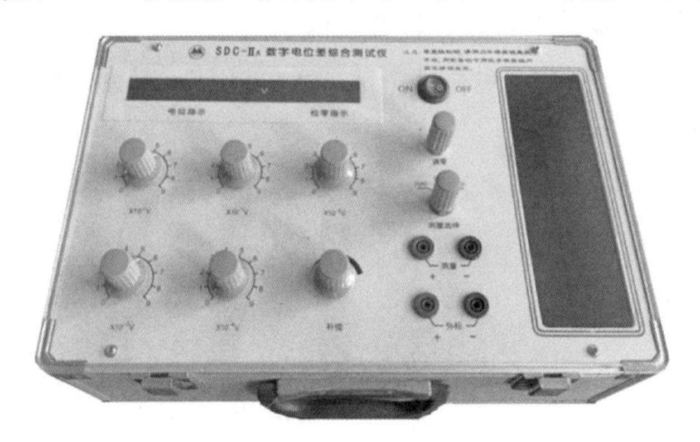

图2-9-1 SDC-Ⅱ型电位差计

2. 试剂

0.002 mol·L^{-1} $AgNO_3$溶液,0.200 mol·L^{-1} HNO_3溶液,饱和KNO_3溶液,饱和Q-H_2Q的未知pH溶液等。

四、实验步骤

1. 制备半电池

(1) 电极的制备:铂电极和饱和甘汞电极采用现成的商品,使用前用蒸馏水淋洗干净,若铂片上有油污,应在丙酮中浸泡,然后用蒸馏水淋洗。将商品银电极用浓硝酸清洗表面,再用细砂纸打磨光亮,然后用蒸馏水淋洗。

(2) 盐桥的制备:为了消除液接电势,必须使用盐桥,其制备方法是将琼胶、KNO_3、H_2O以1.5∶20∶50的质量比加入锥形瓶中,于热水浴中加热溶解,然后用滴管将它灌入干净的U形管中。U形管中以及管两端不能留有气泡,冷却后待用。

(3) 制备半电池:用20 mL移液管分别量取0.002 mol·L^{-1} $AgNO_3$溶液和0.200 mol·L^{-1} HNO_3溶液放入半电池中,插入银电极。用20 mL移液管分别量取0.200 mol·L^{-1} HNO_3溶液和蒸馏水混合,配成0.100 mol·L^{-1} HNO_3溶液置于另一半电池中,加入少量Q-H_2Q,并插入铂电极。

2. 电位差计的使用

用电源线将仪表后面板的电源插座与220 V电源连接,打开电源开关"ON",预热15 min后再进行下一步操作。

(1) 校验。

①将"测量选择"旋钮置于"内标"。

②将测试线分别插入测量插孔内,将"10^0"位旋钮置于"1","补偿"旋钮逆时针旋到底,其他旋钮均置于"0",此时,"电位指标"显示"1.00000",将两测试线短接。

③待"检零指示"显示数值稳定后,按下归零键,此时,"检零指示"显示"0000",即校验完成。

(2) 测量。

①将"测量选择"旋钮置于"测量"。

②用测试线将被测电池按“+”“-”极与“测量插孔”连接。

③调节“10^{-4}”~“10^{0}”五个旋钮，使“检零指示”显示数值为负且绝对值最小。

④调节“补偿”旋钮，使“检零指示”显示“0000”，此时，“电位显示”数值即为被测电池电动势的值。

3. 电动势的测定

(1) 校准电位差计：校准方法具体见电位差计的使用方法。

(2) 将银电极与 Q-H_2Q 电极组成原电池，用饱和 KNO_3 溶液作为盐桥，并将电池置于 25 ℃水浴环境中，恒温下测定电动势 E_1。继而逐步升高水浴温度至 30 ℃、35 ℃、40 ℃、45 ℃、50 ℃，测定相应温度下的电动势。

(3) 将银电极与饱和甘汞电极组成原电池，用饱和 KNO_3 溶液作为盐桥，并将电池置于 25 ℃水浴环境中，恒温下测定电动势 E_2。

(4) 将 Q-H_2Q 电极与饱和甘汞电极组成原电池，用饱和 KNO_3 溶液作为盐桥，并将电池置于 25 ℃水浴环境中，恒温下测定电动势 E_3。

4. 未知 pH 溶液测定

加入少量 Q-H_2Q 于未知 pH 溶液中，置于半电池中，并加入铂电极。将此 Q-H_2Q 电极与饱和甘汞电极组成原电池，用饱和 KNO_3 溶液作为盐桥，并将电池置于 25 ℃水浴环境中，恒温下测定电动势 E。

五、实验数据记录与处理

将实验数据记录于表 2-9-1 中。

表 2-9-1 不同温度下的电动势数据记录

指标	1	2	3	4	5
T					
E					
$\left(\frac{\partial E}{\partial T}\right)_p$					

(1) 根据所测数据计算 $E_1^\ominus$，进而求出 25 ℃时，该化学反应的标准平衡常数。

(2) 求电池的温度系数，绘制 E-T 曲线，在选择的温度范围内作图，斜率即为该范围内的温度系数。

(3) 计算 25 ℃时该电池反应的 $\Delta_r G_m^\ominus$、$\Delta_r H_m^\ominus$ 和 $\Delta_r S_m^\ominus$。

(4) 将计算出的 25 ℃时该电池反应的平衡常数与理论值对照，分析实验误差。

(5) 通过测定电动势，根据式(2-9-10)可计算未知溶液的 pH。

六、实验注意事项

醌氢醌电极使用方便，但有一定的使用范围。pH>8.5 时，氢醌会发生电离，改变了分子状态的浓度，对体系氧化还原电势产生很大影响。此外，氢醌在碱性溶液中容易氧化，也会影响测定结果，有其他强氧化剂或还原剂存在时也不能使用。

七、思考题

(1) 简述通过电池电动势的测定计算热力学变量的优越性。

(2) 简述对消法测定电池电动势的实验中应注意的影响因素。

(3) 如果用氢电极作为参比电极组成上述电池，实验中会出现什么现象？如何纠正？

八、实验讨论与拓展

电动势法在药学等领域有着重要的应用，比如在药物分析中，可用于药物酸碱的测定等；运用色谱电化学检测器、离子选择电极和电位滴定法可测定药物的含量；毛细管电泳法能应用于生物制药；利用微电极技术测定药物在组织和细胞中的含量等。

传感技术是现代信息技术的重要组成部分，生物传感器是指用固定化的生物体成分（如酶、抗原、抗体、激素等），或生物体本身（如细胞、细胞器、组织等）作为敏感元件的传感器。比如电化学生物传感器是指由生物材料作为敏感元件，以固体电极、离子选择电极、气敏电极等作为转换元件，以电位或电流为特征检测信号的传感器。由于使用生物材料作为传感器的敏感元件，电化学生物传感器具有高度选择性，是快速、直接获取复杂体系组成信息的理想分析工具，并已在生物技术、临床检测、医药工业、生物医学、环境分析等领域获得广泛应用。

（蚌埠医学院　李文戈）

实验十　电导法测定弱电解质的解离常数和难溶盐的溶解度

实验预习内容

1. 电导、电导率和摩尔电导率的概念及应用。
2. 电导率仪的使用。

扫码看 PPT

一、目的要求

(1) 掌握磺胺溶液电导率的测量方法。
(2) 熟悉摩尔电导率、解离度和解离常数的计算。
(3) 了解测量电解质溶液电导率的原理。

二、实验原理

电解质溶液的导电能力用电导 G 表示，单位为 S(西门子)。电导与导体的截面积 A 成正比，与导体的长度 l 成反比，即

$$G = \kappa \cdot \frac{A}{l} \tag{2-10-1}$$

式中，比例系数 κ 称为电导率，单位为 $S \cdot m^{-1}$。式(2-10-1)可以改写为

$$\kappa = G \cdot \frac{l}{A} \tag{2-10-2}$$

式中，$\frac{l}{A}$ 对于一定的电导电极而言是一个常数，称为电极常数，以 K 表示。则式(2-10-2)可以写为

$$\kappa = G \cdot K \tag{2-10-3}$$

在相距 1 m 的两个平行电极之间，放置含有 1 mol 电解质的溶液，此溶液的电导率称为摩尔电导率，用 Λ_m 表示，单位为 $S \cdot m^2 \cdot mol^{-1}$。由于规定了电解质的量为 1 mol，溶液的浓度 c 将随体积 V_m 而改变，即 $V_m = 1/c$，c 的单位为 $mol \cdot m^{-3}$。所以，摩尔电导率 Λ_m 与电导率 κ 的关系为

$$\Lambda_m = \kappa \cdot V_m = \frac{\kappa}{c} \tag{2-10-4}$$

电解质的摩尔电导率随溶液浓度的降低而有所增加，无限稀释时的摩尔电导率以 Λ_m^∞ 表示。对于弱电解质来说，某一浓度时的摩尔电导率与无限稀释时的摩尔电导率之比，表示该电解质在该浓度下的解离度 α。

$$\alpha = \frac{\Lambda_m}{\Lambda_m^\infty} \tag{2-10-5}$$

因此，可以利用测定电导率的方法，得到弱电解质的解离平衡常数。

以磺胺为例，其解离平衡常数 K_c 与解离度 α 及浓度 c 之间存在如下关系

$$H_2N\text{-}C_6H_4\text{-}SO_2NH_2 + H_2O \rightleftharpoons H_3^+O + H_2N\text{-}C_6H_4\text{-}SO_2NH^-$$

$$c(1-\alpha) \qquad\qquad c\alpha \qquad c\alpha$$

$$K_c = \frac{c^2\alpha^2}{c(1-\alpha)} = \frac{c\alpha^2}{1-\alpha} \tag{2-10-6}$$

难溶盐 AgCl 的溶解度，也可通过测定其饱和溶液的电导率而计算得到。

$$\kappa_{溶液} = \kappa_{AgCl} + \kappa_{H_2O} \tag{2-10-7}$$

所以，

$$\kappa_{AgCl} = \kappa_{溶液} - \kappa_{H_2O} \tag{2-10-8}$$

由于难溶盐在水中的溶解度很小，其溶液可视为无限稀释的溶液，因此 AgCl 饱和溶液的摩尔电导率可以用无限稀释摩尔电导率代替，即

$$\Lambda_{m,AgCl} = \Lambda_{m,AgCl}^{\infty} = \Lambda_{m,Ag^+}^{\infty} + \Lambda_{m,Cl^-}^{\infty} \tag{2-10-9}$$

因此，根据式(2-10-4)，可计算出 AgCl 在水中的溶解度，即浓度 c。

$$c_{饱和} = \frac{\kappa_{溶液} - \kappa_{H_2O}}{\Lambda_{m,AgCl}^{\infty}} \tag{2-10-10}$$

三、仪器与试剂

1. 仪器

DDS-11A 型电导率仪，电导电极，超级恒温水浴，50 mL 烧杯 2 个等。

2. 试剂

0.0100 mol·L^{-1} 磺胺溶液，AgCl 饱和溶液等。

四、实验步骤

1. 磺胺解离平衡常数的测定

将 50 mL 烧杯与电导电极依次用蒸馏水及待测的磺胺溶液清洗 2 次，然后装入被测的磺胺溶液，插入电导电极。在 25 ℃恒温水浴中恒温 10 min 后，用电导率仪测定其电导率，重复测定 3 次。

2. 难溶盐 AgCl 在水中的溶解度测定

将 50 mL 烧杯与电导电极依次用蒸馏水及待测的 AgCl 饱和溶液清洗 2 次，然后装入被测的 AgCl 饱和溶液，插入电导电极。在 25 ℃恒温水浴中恒温 10 min 后，用电导率仪测定其电导率，重复测定 3 次。同法测定蒸馏水的电导率。

3. DDS-11A 型电导率仪的操作要点

电导率的测定

开机预热，检查指针是否指零；确定“常数”；选择工作频率（电导率＞10^3 挡，用“高周”，否则用“低周”）；选择适当量程挡；打开“校正”开关，旋动“调整”钮，将指针调至满刻度；最后打开“测量”开关，读数。量程选择应由大到小，注意红挡、黑挡量程在表盘中读数的区别。

五、实验数据记录与处理

磺胺的无限稀释摩尔电导率：$\Lambda_{m,SN}^{\infty} = 0.040\ S \cdot m^2 \cdot mol^{-1}$。

AgCl 的无限稀释摩尔电导率：$\Lambda_{m,AgCl}^{\infty}=0.014\ S\cdot m^2\cdot mol^{-1}$。

（1）设计数据记录表格，将实验数据列入表 2-10-1、表 2-10-2 中。

表 2-10-1　磺胺解离平衡常数的测定数据记录

电导率	1	2	3	平均值
$\kappa/(S\cdot m^2\cdot mol^{-1})$				

表 2-10-2　难溶盐 AgCl 在水中的溶解度测定数据记录

电导率	1	2	3	平均值
$\kappa/(S\cdot m^2\cdot mol^{-1})$				

（2）利用式(2-10-4)、式(2-10-5)和式(2-10-6)计算磺胺的解离平衡常数。

（3）利用式(2-10-10)计算难溶盐 AgCl 在水中的溶解度。

六、实验注意事项

（1）电极引线不能潮湿，否则所测数据不准。

（2）纯水的测量要迅速，因为空气中的 CO_2 会溶解在水中，导致水的电导率迅速增加，影响测量结果。

（3）盛待测液的容器必须清洁，无离子玷污。

（4）擦拭电极时不可触及铂黑，以免铂黑脱落，引起电极常数的改变。

七、思考题

（1）影响弱电解质溶液电导率的因素有哪些？

（2）电导率测定中对使用的水有什么要求？

（3）测定溶液的电导率有何实际应用？

八、实验讨论与拓展

制药用水通常指制药工艺过程中用到的各种质量标准的水，电导率是制药用水的关键指标之一。制药用水是制药工艺过程中的重要原料，在制药工艺过程中，制药用水系统是至关重要的组成部分。

制药用水包括纯化水、注射用水及灭菌注射用水，在 2020 年版《中国药典》中，对三种制药用水的电导率测定方法，以及不同温度和 pH 下电导率的限度进行了新的规定，用以规范整个制药工艺过程，包括原料生产、分离纯化、成品制备、洗涤过程、清洗过程和消毒过程。

（山西医科大学　王宁）

实验十一　旋光法测定蔗糖水解反应的速率常数

扫码看 PPT

实验预习内容

1. 一级反应动力学方程及其特征。
2. 旋光仪的基本原理、使用方法及注意事项。

一、目的要求

(1) 掌握利用旋光法测定速率常数的一般方法，反应物浓度与旋光度之间的关系。
(2) 熟悉旋光仪的正确使用方法。
(3) 了解旋光仪的基本原理。

二、实验原理

蔗糖在水溶液中转化成葡萄糖与果糖，其反应式为

$$\underset{\text{蔗糖}}{C_{12}H_{22}O_{11}} + H_2O \xrightarrow{H^+} \underset{\text{葡萄糖}}{C_6H_{12}O_6} + \underset{\text{果糖}}{C_6H_{12}O_6}$$

这是一个二级反应，反应速率与蔗糖和水的浓度成正比。在中性水溶液中反应速率很慢；在酸性条件下，由于 H^+ 的催化作用，该反应以较快的速率进行。在这个反应体系中，水是大量存在的，可近似地认为整个反应过程中水的量不变，因此蔗糖转化反应可看作一级反应(准一级反应)。

一级反应的速率方程为

$$-\frac{dc}{dt} = kc \tag{2-11-1}$$

式中，c 为时间 t 时的反应物浓度，k 为反应速率常数。上式积分可得

$$\ln c = -kt + \ln c_0 \tag{2-11-2}$$

式中，c_0 为反应物的起始浓度。

当 $c = \frac{1}{2}c_0$ 时，反应的半衰期为

$$t_{1/2} = \frac{\ln 2}{k} = \frac{0.693}{k} \tag{2-11-3}$$

从式(2-11-2)可看出，在不同时间点测定反应物的相应浓度，并以 $\ln c$-t 作图，可得一直线，由直线斜率即可求得反应速率常数 k。然而反应是在不断进行的，要快速检测出浓度是困难的。蔗糖及其转化产物都具有旋光性，而且它们的旋光能力不同，故可以利用体系在反应进程中的旋光度计算出反应物、产物的浓度。

溶液的旋光度与溶液中所含旋光物质的旋光能力、溶剂性质、溶液浓度、样品管长度及温度等因素有关。当其他条件不变，仅考虑旋光度 α 与反应物浓度 c 的关系时，α 与 c 呈线性关

系，即

$$\alpha = \beta c \tag{2-11-4}$$

式中，比例常数 β 与物质的旋光能力、溶剂性质、样品管长度和温度等因素有关。

物质的旋光能力用比旋光度表示，比旋光度为

$$[\alpha]_D^{20} = \frac{\alpha \cdot 100}{l \cdot c_A} \tag{2-11-5}$$

式中，$[\alpha]_D^{20}$ 表示实验温度为 20 ℃时的比旋光度，D 是指所用钠光灯光源 D 线的波长（即 589 nm），l 为样品管长度（dm），c_A 为溶液浓度（g · 100 mL^{-1}）。

反应物蔗糖是右旋性物质，$[\alpha]_D^{20}=66.6°$；生成物中葡萄糖也是右旋性物质，$[\alpha]_D^{20}=52.5°$；果糖是左旋性物质，$[\alpha]_D^{20}=-91.9°$。在生成物中，果糖的左旋性比葡萄糖的右旋性大，所以生成物呈左旋性。实验过程中，随着反应的进行，测得的旋光度不断减小，直到蔗糖完全转化，此时测得的旋光度 α_∞ 为负值。

$$\alpha_0 = \beta_{反} c_0 \quad (t=0，蔗糖尚未转化) \tag{2-11-6}$$

$$\alpha_\infty = \beta_{生} c_0 \quad (t=\infty，蔗糖已完全转化) \tag{2-11-7}$$

式中，α_0、α_∞ 分别为反应起始、结束时的旋光度；$\beta_{反}$、$\beta_{生}$ 分别为反应物、生成物的比例常数。

在 t 时刻，蔗糖浓度为 c，此时旋光度为 α_t，则

$$\alpha_t = \beta_{反} c + \beta_{生}(c_0 - c) \tag{2-11-8}$$

由式（2-11-6）、式（2-11-7）和式（2-11-8）联立可解得

$$c_0 = \frac{\alpha_0 - \alpha_\infty}{\beta_{反} - \beta_{生}} = \beta'(\alpha_0 - \alpha_\infty) \tag{2-11-9}$$

$$c = \frac{\alpha_t - \alpha_\infty}{\beta_{反} - \beta_{生}} = \beta'(\alpha_t - \alpha_\infty) \tag{2-11-10}$$

将式（2-11-9）与式（2-11-10）代入式（2-11-2）得

$$\ln(\alpha_t - \alpha_\infty) = -kt + \ln(\alpha_0 - \alpha_\infty) \tag{2-11-11}$$

显然，绘制 $\ln(\alpha_t - \alpha_\infty)$-$t$ 图可得一直线，由直线斜率即可得到反应速率常数 k。

三、仪器与试剂

1. 仪器

150 mL 具塞锥形瓶 1 个，50 mL 量筒 1 个，天平，旋光仪，恒温槽等。

2. 试剂

蔗糖（AR），4 mol · L^{-1} HCl 溶液等。

四、实验步骤

（1）仔细阅读说明书，进一步学习旋光仪的构造、原理，掌握使用方法。

（2）旋光仪的零点校正：旋光仪在使用前应预热 5 min 左右。蒸馏水为非旋光物质，可以用来校正旋光仪的零点（即 $\alpha=0$ 时仪器对应的刻度）。校正时，先将样品管洗净，然后将样品管一端旋紧套盖，从另一端灌满蒸馏水至水面略微凸起，盖好、旋紧套盖。注意：旋紧套盖时，不能用力过猛，以免玻璃片变形、碎裂。将样品管外的水擦干，再用擦镜纸小心地将样品管两端的玻璃片擦拭干净，放入旋光仪的样品室中。调节目镜焦距，使视野清晰，再旋转检偏镜至视场中三分视野暗度相等时为止，测量。记录旋光度 α，重复测量 3 次，取其平均值，此平均值记为零点，用以矫正旋光仪的系统误差。

（3）反应进程的旋光度测定：称取 6.0 g 蔗糖置于锥形瓶中，加入 30 mL 蒸馏水，使蔗糖完全溶解。用量筒量取 HCl 溶液 30 mL，备用。当一切准备就绪后，迅速将量筒中的 HCl 溶

液加入锥形瓶中并摇匀，同时计时。将混匀后的溶液装入样品管，测量。第一个数据，要求在离反应起始时间（蔗糖与酸混合时刻）1～2 min 内测出。反应时，前 30 min 内，每 5 min 测 1 次；以后由于反应物浓度降低，反应速率变慢，可以每 10 min 测 1 次，连续测定 1 h。

（4）α_∞ 的测量：将未装入样品管的剩余溶液置于 50～60 ℃的水浴内反应至少 1 h，加速反应，使其反应完全。然后取出，冷却至实验温度，测量。在 10～15 min 内，读取 5～7 个数据，如均在测量误差范围内，则取其平均值，即为 α_∞ 。

五、实验数据记录与处理

（1）将反应过程中所测得的旋光度 α_t 和对应时间 t 列入表 2-11-1 中，绘制 α_t-t 曲线图。

表 2-11-1　旋光度实验数据记录

旋光度	t
α_t	
$\alpha_t-\alpha_\infty$	
$\ln(\alpha_t-\alpha_\infty)$	

（2）等间隔取 8 个（α_t，t）数据组，并通过计算以 $\ln(\alpha_t-\alpha_\infty)$ 对 t 作图，由直线斜率求反应速率常数 k。

（3）计算半衰期。

六、实验注意事项

（1）加速实验促使反应加快完成的温度不可超过 60 ℃。温度过高，可能发生副反应，影响 α_∞ 的测量。

（2）在恒温过程中，锥形瓶必须加塞密封，防止溶液蒸发影响浓度，或加回流冷凝管，确保溶液浓度不变。

七、思考题

（1）配制蔗糖溶液时，并未准确称量，对测量结果是否有影响？为什么？

（2）在混合蔗糖溶液和 HCl 溶液时，应将 HCl 溶液加到蔗糖溶液中，可否反过来，即将蔗糖溶液加到 HCl 溶液中？为什么？

八、实验讨论与拓展

自然界中很多物质具有旋光性，因此通过测定旋光度，可分析物质的浓度、含量、纯度等。旋光法集合高敏感度、光学非破坏性测量等优点，在制药、食品、化工、石油、农业等领域有着广泛的应用。

在科学研究中，旋光法也不失为一种可靠的研究手段，例如通过测量光学活性化合物的比旋光度进行定性评价和定量计算；测量旋光与时间的函数，研究反应动力学；在酶裂解中监测浓度变化，以便确定光学活性成分的反应混合物；利用旋光色散曲线来分析分子结构，区分光学异构体等。

（山西医科大学　王宁）

实验十二　乙酸乙酯皂化反应速率常数的测定

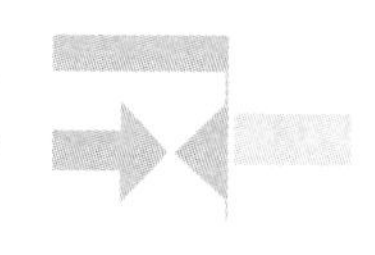

实验预习内容

扫码看 PPT

1. 二级反应动力学方程及其特征。
2. 电导率仪的基本原理、使用方法及注意事项。

一、目的要求

(1) 掌握电导法测定化学反应速率常数的方法。

(2) 熟悉电导率仪和控温仪的使用方法。

(3) 了解二级反应的特点，学会用作图法求二级反应的速率常数及其活化能。

二、实验原理

乙酸乙酯皂化是一个二级反应，其反应式为

$$CH_3COOC_2H_5 + NaOH \longrightarrow CH_3COONa + C_2H_5OH$$

在反应过程中，各物质的浓度随时间而改变。某一时刻的 OH^- 浓度可以用标准酸进行滴定求得，也可通过测量溶液的某些物理性质而得到。用电导率仪测定溶液的电导 G 随时间的变化关系，可以监测反应的进程，进而可求算反应速率常数。该二级反应速率分别与反应物 $CH_3COOC_2H_5$、NaOH 的浓度成正比。为了处理方便，如果反应物 $CH_3COOC_2H_5$ 和 NaOH 采用相同的浓度 c 作为初始浓度，当反应时间为 t 时，反应所生成的 CH_3COO^- 和 C_2H_5OH 的浓度为 x，$CH_3COOC_2H_5$ 和 NaOH 的浓度则为 $(c-x)$。设逆反应可以忽略，则反应物和生成物的浓度随时间变化的关系为

	$CH_3COOC_2H_5$	+ NaOH	$\longrightarrow CH_3COONa$	$+ C_2H_5OH$
$t=0$ 时	c	c	0	0
$t=t$ 时	$c-x$	$c-x$	x	x
$t\rightarrow\infty$时	$\rightarrow 0$	$\rightarrow 0$	$\rightarrow c$	$\rightarrow c$

反应速率为单位时间内反应物浓度的变化量，因此上述反应的二级反应速率方程可表示为

$$\frac{dx}{dt} = k(c-x)(c-x) \tag{2-12-1}$$

积分得

$$kt = \frac{x}{c(c-x)} \tag{2-12-2}$$

因此，只要测出反应进程中 t 时的 x 值，再将 c 代入，就可以得到反应速率常数 k。

该反应过程的离子方程为

$$CH_3COOC_2H_5 + Na^+ + OH^- \longrightarrow CH_3COO^- + Na^+ + C_2H_5OH$$

要保证 CH_3COONa 全部电离，因此必须是比较稀的溶液，故可假定 CH_3COONa 全部电离。则溶液中参与导电的离子有 Na^+、OH^- 和 CH_3COO^- 等，而 Na^+ 在反应前后浓度不变，OH^- 的迁移率比 CH_3COO^- 的迁移率大得多。随着反应时间的延长，OH^- 不断减少，而 CH_3COO^- 则不断增多，所以反应体系的电导不断下降。溶液的电导会随着反应的进行而下降。在一定范围内，可以认为溶液的电导减少量与 CH_3COONa 的浓度 x 的增量成正比。

$$t=t\text{ 时}\qquad x=\beta(G_0-G_t) \tag{2-12-3}$$

$$t\to\infty\text{ 时}\qquad c=\beta(G_0-G_\infty) \tag{2-12-4}$$

式中，G_0 代表反应起始时溶液的电导，G_t 代表在 t 时刻溶液的电导，G_∞ 代表反应完全时溶液的电导，β 为比例常数。将式(2-12-3)、式(2-12-4)代入式(2-12-2)，得

$$kt=\frac{\beta(G_0-G_t)}{c\beta[(G_0-G_\infty)-(G_0-G_t)]}=\frac{G_0-G_t}{c(G_t-G_\infty)} \tag{2-12-5}$$

或写成

$$\frac{G_0-G_t}{G_t-G_\infty}=ckt \tag{2-12-6}$$

因此，只要测出 G_0、G_∞ 以及一组 G_t 值，利用 $\frac{G_0-G_t}{G_t-G_\infty}$ 对 t 作图，就可以得到一条直线，通过斜率可求得反应速率常数 k。

三、仪器与试剂

1. 仪器

电导率仪，恒温水浴箱，双管电导池，10 mL 移液管 2 支，10 mL 碘量瓶 1 个，秒表 1 只，洗瓶等。

2. 试剂

$CH_3COOC_2H_5$(AR)溶液(0.0200 mol·L^{-1})，NaOH(AR)溶液(0.0100 mol·L^{-1}，0.0200 mol·L^{-1})，CH_3COONa(AR)溶液(0.0100 mol·L^{-1})，均为新鲜配制。

四、实验步骤

1. 开机

开启恒温水浴箱电源，打开电动搅拌器，将温度调至实验所需温度，保持恒温。开启电导率仪电源，预热。

2. G_0 的测量

(1) 洗净双管电导池并烘干，加入适量 0.0100 mol·L^{-1} NaOH 溶液，使其液面能够浸没铂黑电极并超出 1 cm。

(2) 用去离子水洗涤铂黑电极，再用 0.0100 mol·L^{-1} NaOH 溶液淋洗，然后插入电导池中。

(3) 将整个体系置于恒温水浴中，恒温约 10 min。

(4) 测量该溶液的电导，每隔 2 min 读 1 次数据，读取 3 次。

(5) 更换溶液，重复测量，如果 2 次测量值在误差允许范围内，取平均值，即为 G_0。

3. G_∞ 的测量

实验测定中，不可能等到 $t\to\infty$，且反应也并不完全不可逆，因此通常以 0.0100 mol·L^{-1} CH_3COONa 溶液的电导作为 G_∞，测量方法与 G_0 的测量相同。需注意：每次更换测量溶液时，都要先用去离子水淋洗电极和电导池，然后用被测溶液淋洗 2～3 次。

4. G_t的测量

(1) 电导池和电极的处理方法与上述相同,安装后置于恒温水浴内。

(2) 用移液管量取 10 mL 0.0200 mol·L^{-1} NaOH 溶液注入左侧小管中;用另一支移液管量取 10 mL 0.0200 mol·L^{-1} $CH_3COOC_2H_5$溶液注入右侧大管中,塞上橡皮塞,恒温约 10 min。

(3) 用洗耳球通过右管上口将 $CH_3COOC_2H_5$溶液压入左管(注意,不要用力过猛),与 NaOH 溶液混合。当溶液压入一半时,开始记录反应时间。反复压几次,使溶液混合均匀,并立即开始测量其电导。

(4) 每隔 2 min 读 1 次数据,直至电导变化不大时(一般反应时间为 45～60 min),可停止测量。

(5) 反应结束后,倾去反应液,洗净电导池和电极。重新测量 G_∞,如果与反应前的电导基本一致,可终止实验,并洗净电导池,将铂黑电极浸入去离子水中。

5. 反应活化能的测定

按上述操作步骤和计算方法,测定另一个温度下的反应速率常数 k,并用阿仑尼乌斯(Arrhenius)公式计算反应活化能。

$$\ln\frac{k_2}{k_1}=\frac{E}{R}\left(\frac{T_2-T_1}{T_1T_2}\right) \tag{2-12-7}$$

式中,k_1、k_2分别为温度 T_1、T_2时测得的反应速率常数,R 为气体常数,E 为反应的活化能。

五、实验数据记录与处理

(1) 将测得的数据记录于表 2-12-1 中。根据测定数据,分别用 $\frac{G_0-G_t}{G_t-G_\infty}$ 对 t 作图,由直线斜率求反应速率常数 k。

表 2-12-1　电导测定数据记录

t/min	T_1		T_2	
	G_0=______	G_∞=______	G_0=______	G_∞=______
	$G_t/(S\cdot m^{-1})$	$\frac{G_0-G_t}{G_t-G_\infty}$	$G_t/(S\cdot m^{-1})$	$\frac{G_0-G_t}{G_t-G_\infty}$
2				
4				
6				
8				
10				
12				
15				
18				
21				
24				
27				
30				
33				

续表

t/min	T_1			T_2		
	$G_0=$______	$G_\infty=$______		$G_0=$______	$G_\infty=$______	
	$G_t/(S\cdot m^{-1})$	$\frac{G_0-G_t}{G_t-G_\infty}$		$G_t/(S\cdot m^{-1})$	$\frac{G_0-G_t}{G_t-G_\infty}$	
36						
40						
45						

(2) 用不同实验温度时的反应速率常数 k，利用阿仑尼乌斯公式计算该反应的平均活化能 E。

六、实验注意事项

(1) 如 NaOH 溶液和 $CH_3COOC_2H_5$ 溶液浓度不等，而所得结果仍用两者浓度相等的公式计算，则作图所得直线将缺乏线性。

(2) 温度对反应速率常数影响较大，需在恒温条件下测定。在水浴温度达到所要的温度后，不急于马上进行测定，须待被测体系恒温 10 min，否则会因起始时温度的不恒定而使电导偏低或偏高，以致所得直线线性不佳。

(3) 测温度较高的 G_0 时，如仍用第一次温度低的溶液而不调换，则由于放置时间过长，溶液会吸收空气中的 CO_2 而降低 NaOH 的浓度，使 G_0 偏低，结果导致 k 偏低。

(4) 由于空气中的 CO_2 会溶入去离子水和配制好的 NaOH 溶液中，而使溶液浓度发生改变。因此在实验中可用煮沸的去离子水，同时采用在配制好的 NaOH 溶液瓶上装配碱石灰吸收管等方法处理。

(5) 由于 $CH_3COOC_2H_5$ 溶液水解慢，且水解产物又会部分消耗 NaOH，所以所用溶液都应新鲜配制。

七、思考题

(1) 为何本实验要在恒温条件下进行，而且 $CH_3COOC_2H_5$ 和 NaOH 溶液在混合前还要预先恒温？

(2) 如果 $CH_3COOC_2H_5$ 和 NaOH 溶液均为浓溶液，能否用此方法求得 k？为什么？

(3) 如果 $CH_3COOC_2H_5$ 和 NaOH 溶液的起始浓度不等，应如何计算 k？

八、实验讨论与拓展

(1) 反应分子数与反应级数是两个完全不同的概念，反应级数只能通过实验来确定。试问如何由实验结果来验证反应级数？

(2) 乙酸乙酯皂化反应是放热反应还是吸热反应？对实验有没有影响？

(3) 化学动力学在药物的研制和生产过程中有广泛的应用，如生产工艺条件的优化和工艺流程的选择；药物制剂的稳定性和有效期预测；药物通过各种途径，如静脉注射、静脉滴注、口服等进入人体内的吸收、分布、代谢和排泄过程，即“量-时间”变化或“血药浓度-时间”变化的动态规律研究等都要应用化学动力学。

（宁夏大学　史可人）

实验十三　丙酮碘化反应速率常数及活化能的测定

扫码看 PPT

实验预习内容

1. 简单级数反应动力学方程及其特征。
2. 温度对反应速率的影响，阿仑尼乌斯(Arrhenius)公式。
3. 朗伯-比尔(Lambert-Beer)定律。
4. 分光光度计的基本原理、使用方法和注意事项。

一、目的要求

(1) 掌握用分光光度计测定酸催化丙酮碘化反应的反应速率常数和活化能的实验方法。

(2) 熟悉复杂反应表观速率常数的求算方法。

(3) 了解复杂反应的特征。

二、实验原理

丙酮碘化反应方程为

$$H_3C-CO-CH_3 + I_2 \xrightarrow{H^+} H_3C-CO-CH_2I + H^+ + I^-$$

H^+ 是反应的催化剂，由于丙酮碘化反应本身生成 H^+，所以这是一个自动催化反应。实验证明，丙酮碘化反应是一个复杂反应，一般认为可分为两步进行，即

① $$\underset{(A)}{H_3C-CO-CH_3} \xrightarrow{H^+} \underset{(B)}{H_3C-C(OH)=CH_2}$$

② $$\underset{(B)}{H_3C-C(OH)=CH_2} + I_2 \longrightarrow \underset{(C)}{H_3C-CO-CH_2I} + H^+ + I^-$$

反应①是丙酮的烯醇化反应，反应可逆且进行得很慢。反应②是烯醇的碘化反应，反应快速且能进行到底。根据化学反应动力学理论，化学反应速率的大小主要取决于慢速步。因此，丙酮碘化反应的总速率由反应①所决定，丙酮烯醇化的反应速率取决于丙酮及 H^+ 的浓度。如果以碘化丙酮浓度的增加来表示丙酮碘化反应的速率，则此反应的动力学方程可表示为

$$\frac{dc_E}{dt} = -\frac{dc_{I_2}}{dt} = kc_A c_{H^+} \tag{2-13-1}$$

式中，c_E、c_{I_2}、c_A、c_{H^+} 分别为碘化丙酮、碘、丙酮、酸的浓度；k 为总反应速率常数。如果反应物

碘是少量的，而丙酮和酸相对碘是过量的，则可认为反应过程中丙酮和酸的浓度 c_A、c_{H^+} 不变，令 $k' = kc_A c_{H^+}$。实验研究表明丙酮碘化反应速率几乎与碘的浓度无关，因此可以认为丙酮碘化反应对碘是零级反应，对式(2-13-1)积分得

$$c_{I_2} = -k't + p \tag{2-13-2}$$

式中，p 为积分常数。

因碘溶液在可见区 400～600 nm 有宽的吸收带，而在此吸收带中，盐酸、丙酮、碘化丙酮和碘化钾溶液则没有明显的吸收，所以可采用分光光度法直接测定碘浓度的变化。

根据朗伯-比尔定律，某指定波长的光通过碘溶液后的光强度为 I，通过蒸馏水后的光强度为 I_0，则透光率可表示为

$$T = I/I_0 \tag{2-13-3}$$

并且透光率与碘的浓度之间的关系可表示为

$$\lg T = -\varepsilon b c_{I_2} \tag{2-13-4}$$

式中，b 为比色皿的光径长度，ε 为取以 10 为底的对数时的摩尔吸收系数。将式(2-13-2)代入式(2-13-4)，可得

$$\lg T = k'\varepsilon bt + p' \tag{2-13-5}$$

绘制 $\lg T$-t 图可得一直线，直线的斜率为 $k'\varepsilon b$，εb 可通过测定一已知浓度碘溶液的透光率，由式(2-13-4)求得。只要测出不同时刻反应体系对指定波长的透光率，就可利用式(2-13-5)求出反应速率常数 k'，c_A 和 c_{H^+} 已知，可求得反应速率常数 k。

已知两个或两个以上温度下的反应速率常数，利用阿仑尼乌斯(Arrhenius)公式可计算反应的活化能。

$$E_a = \frac{RT_1T_2}{T_2 - T_1}\ln\frac{k_2}{k_1} \tag{2-13-6}$$

为验证上述反应机理，根据总反应方程，可建立下列关系。

$$v = \frac{dc_E}{dt} = kc_A^{\alpha}c_{H^+}^{\beta}c_{I_2}^{\gamma} \tag{2-13-7}$$

式中，α、β、γ 分别为丙酮、H^+ 和 I_2 的反应级数。若保持 H^+ 和 I_2 的起始浓度不变，只改变丙酮的起始浓度，分别测定在同一温度下的反应速率，则有

$$\frac{v_2}{v_1} = \left(\frac{c_{A,1}}{c_{A,2}}\right)^{\alpha}$$
$$\alpha = \lg\frac{v_2}{v_1}/\lg\frac{c_{A,1}}{c_{A,2}} \tag{2-13-8}$$

同理可求出

$$\beta = \lg\frac{v_3}{v_4}/\lg\frac{c_{H^+,3}}{c_{H^+,4}}$$
$$\gamma = \lg\frac{v_4}{v_1}/\lg\frac{c_{I_2,4}}{c_{I_2,1}} \tag{2-13-9}$$

在一定条件下，以 $\lg T$ 对 t 作图，由式(2-13-5)可知，其斜率为 $\varepsilon b\left(-\frac{dc}{dt}\right)$，已知 εb 为常数，$-\frac{dc}{dt}$ 即为 v。

三、仪器与试剂

1. 仪器

722 型分光光度计 1 台，恒温槽 1 台，带有恒温夹套层的比色皿 1 个，秒表 1 只，50 mL 容

量瓶 4 个，100 mL 碘量瓶 5 个，5 mL、10 mL、20 mL 移液管各 3 支等。

2. 试剂

0.03 mol·L^{-1}碘溶液（含 4% KI），1 mol·L^{-1} HCl 溶液，2 mol·L^{-1}丙酮溶液等。

四、实验步骤

1. 仪器装置

仔细阅读说明书，进一步学习 722 型分光光度计（图 2-13-1）的原理、构造和使用方法。

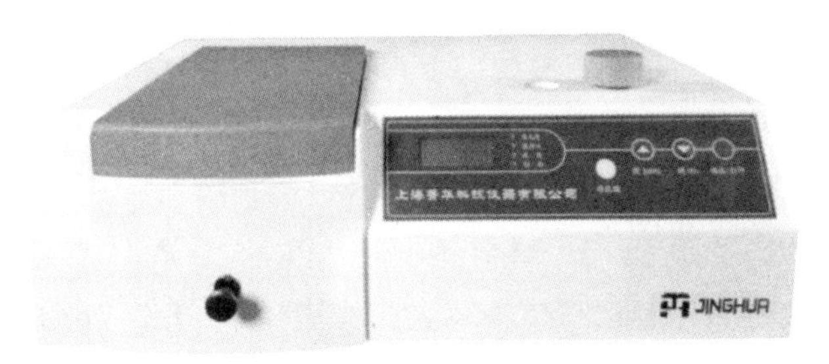

图 2-13-1 722 型分光光度计

2. 设定温度

恒温槽设定恒温在（25.0±0.1）℃。

3. 分光光度计的校正

分光光度计波长调在 565 nm，狭缝宽度 2 nm（或 1 nm），校正仪器时将控制面板上工作状态调在“透光率”挡。取 25.0 ℃恒温 10 min 的蒸馏水，加入比色皿中至约 2/3，调节至透光率为 100%。

4. εb 的测定

用移液管移取 5 mL 0.03 mol·L^{-1}碘溶液于 50 mL 容量瓶中，用蒸馏水稀释至刻度线，置于 25.0 ℃恒温槽中恒温 10 min 后，注入恒温比色皿中，测其透光率。

5. 丙酮碘化反应速率常数的测定

分别取 2 个洁净的 50 mL 容量瓶，1 个容量瓶中用移液管移入 5 mL 0.03 mol·L^{-1}碘溶液和 5 mL 1 mol·L^{-1} HCl 溶液，另 1 个容量瓶中加入少许蒸馏水，再加入 5 mL 2 mol·L^{-1}丙酮溶液，置于 25.0 ℃恒温槽中恒温 10 min。将恒温的丙酮溶液倒入盛有酸和碘混合液的容量瓶中，用恒温好的蒸馏水洗涤盛有丙酮的容量瓶 3 次，洗涤液均倒入盛有混合液的容量瓶中，再用恒温好的蒸馏水稀释至刻度，混合均匀，然后测定其透光率，同时开启秒表。以后每隔 2 min 测 1 次透光率，直到取 8～10 个值为止。

6. 反应物的反应级数的测定

取 4 个洁净、干燥的 100 mL 碘量瓶，编号 1～4，用刻度移液管按表 2-13-1 中的用量，即编号瓶 1 中依次加入碘溶液 10 mL、HCl 溶液 10 mL 和蒸馏水 20 mL；编号瓶 2 中依次加入碘溶液 10 mL、HCl 溶液 10 mL 和蒸馏水 25 mL；编号瓶 3 和 4 以此类推。将 4 个编号瓶塞好瓶塞，并充分混合瓶内液体。

另取一碘量瓶加入约 50 mL 丙酮溶液，与上述 4 个编号瓶一起置于 25.0 ℃恒温槽中恒温 10 min。然后取出 1 号瓶，加入已恒温的丙酮溶液 10 mL，迅速摇匀，用此液荡洗比色皿 2～3次后，加适量置于光路中，每隔 1 min 测 1 次透光率，直到取 8～10 个值为止。然后按表 2-13-1 所示丙酮的用量，用同样方法依次测定编号瓶 2、3、4 中的溶液在不同反应时间的透光率。注意前一个编号瓶测完后再做下一个。每个编号瓶测定之前，需用已恒温的蒸馏水校正零点。

表 2-13-1　实验试剂用量表

试剂	1	2	3	4
2 $mol \cdot L^{-1}$丙酮溶液/mL	10	5	10	5
1 $mol \cdot L^{-1}$ HCl 溶液/mL	10	10	5	10
0.03 $mol \cdot L^{-1}$碘溶液/mL	10	10	10	5
蒸馏水/mL	20	25	25	30

7. 改变恒温槽温度，按相同的步骤实验

将恒温槽的温度升高到(35.0±0.1) ℃，重复上述操作。

五、实验数据记录与处理

(1) 根据步骤 4 测定 25.0 ℃、35.0 ℃时的透光率 T，计算相应的 $\lg T$，由式(2-13-4)计算 εb 。

(2) 将 25.0 ℃时丙酮碘化反应所测实验数据记录于表 2-13-2 中。

表 2-13-2　实验数据 $\lg T$-t 记录表

透光率	t/min
T	
$\lg T$	

(3) 根据 25.0 ℃时的 $\lg T$-t 图，得一直线，依据式(2-13-5)，由直线的斜率求得 k'，由 $k' = kc_{A}c_{H^+}$ ，可求出反应速率常数 k。

(4) 利用 25.0 ℃及 35.0 ℃时的 k，求丙酮碘化反应的活化能。

(5) 由步骤 6 测得的数据，分别绘制 $\lg T$-t 图，得到 4 条直线。由各直线的斜率分别求出 v_1、v_2、v_3、v_4 。利用式(2-13-8)由 v_1 和 v_2 计算 α，利用式(2-13-9)由 v_3 和 v_4 计算 β，由 v_1 和 v_4 计算 γ。

六、实验注意事项

(1) 温度影响反应速率常数，实验时体系始终要保持恒温，并且操作必须迅速准确。

(2) 每次用蒸馏水校正零点后，方可测其透光率。

七、思考题

(1) 动力学实验中，正确计算时间很重要，也是实验关键。本实验中，从反应物开始混合到开始读数，中间有一段操作时间，这对实验结果有无影响？

(2) 将蒸馏水从样品池倒出后，样品若不能完全复位，如稍有变动，致使 I_0 变成 80%或 120%，这对结果会有什么影响？

八、实验讨论与拓展

多数化学反应被认为是由若干个基元反应组成的，这类反应的反应速率与反应物活度之间的关系不能适用质量作用定律。通常需要借助实验手段测定其化学反应速率与反应物活度之间的关系。孤立法是动力学研究中常用的一种方法，其实验方法如下：设计一系列溶液，其中只有某一物质的浓度不同，其他物质的浓度均相同，以此可以求得反应物对该物质的反应级数。同理可以求得其他物质的反应级数，从而确定反应速率方程。

（川北医学院 罗杰伟 张仕禄）

实验十四　固体在溶液中的吸附

扫码看 PPT

实验预习内容

1. 固-液界面吸附的特点及吸附公式。
2. 溶液浓度的标定、固体吸附剂及过滤操作。
3. KS 康氏振荡器的使用及操作注意事项。

一、目的要求

(1) 掌握弗罗因德利希(Freundlich)吸附等温式及相关经验常数的测定方法。
(2) 熟悉活性炭在 HAc 溶液中的吸附、吸附等温线的绘制以及影响吸附的因素。
(3) 了解固体吸附剂在溶液中的吸附特点。

二、实验原理

固-液界面上的吸附包括分子吸附和离子吸附。分子吸附就是非电解质及弱电解质中的吸附,而离子吸附是指强电解质溶液中的吸附。充当吸附剂的物质结构上一般都是疏松多孔的,具有较大的比表面吉布斯自由能。活性炭是一种高分散度的多孔吸附剂,在一定温度下,其在中等浓度溶液中的吸附规律可根据弗罗因德利希吸附等温式表示。

$$\frac{x}{m}=kc^{\frac{1}{n}} \tag{2-14-1}$$

式中,m 为吸附剂的质量(g);x 为吸附平衡时吸附质被吸附的物质的量(mol);$\frac{x}{m}$ 为平衡吸附量($mol\cdot g^{-1}$);c 为吸附平衡时被吸附物质在溶液中的浓度($mol\cdot L^{-1}$);k 和 n 是与吸附质、吸附剂性质及温度有关的常数。

对上式两边取对数得

$$\lg\frac{x}{m}=\frac{1}{n}\lg c+\lg k \tag{2-14-2}$$

以 $\lg\frac{x}{m}$ 对 $\lg c$ 作图,得到一条直线,根据直线斜率 $\frac{1}{n}$ 和截距 $\lg k$,可以求出经验常数 n 和 k。

三、仪器与试剂

1. 仪器

KS 康氏振荡器 1 台,250 mL 磨口具塞锥形瓶 6 个,普通锥形瓶 6 个,漏斗 6 个,多孔漏斗架 1 个,电子天平(0.01 g)1 台,移液管(25.00 mL、10.00 mL)各 1 支,吸量管(10.00 mL、5.00 mL)各 1 支,50.00 mL 酸式滴定管、碱式滴定管各 1 支等。

2. 试剂

活性炭(60 目),0.4 mol·L^{-1} HAc 标准溶液,0.1000 mol·L^{-1} NaOH 标准溶液,定性滤纸,酚酞指示剂等。

四、实验步骤

(1) 取 6 个干燥洁净的磨口具塞锥形瓶,编号,用电子天平准确称量 2.00 g 活性炭 6 份,分别倒入锥形瓶中,然后按表 2-14-1 所示用酸式滴定管和碱式滴定管分别加入 0.4 mol·L^{-1} HAc 标准溶液和蒸馏水,并立即用塞子盖上,置于 25 ℃ KS 康氏振荡器中振荡 1.0 h。

(2) 滤去活性炭,用干燥的锥形瓶接收滤液。如果锥形瓶内有水,可用初滤液 10 mL 分 2 次洗涤锥形瓶,洗液弃去。

(3) 按表 2-14-1 所示,从相应锥形瓶中用移液管(吸量管)取规定体积的样液,以酚酞作为指示剂,用 NaOH 标准溶液滴定,平行测定 3 次,结果记录在表 2-14-1 中。

五、实验数据记录与处理

(1) 将实验数据记录在表 2-14-1 中,计算吸附前 HAc 溶液的初始浓度 c_0 和吸附平衡时的浓度 c_e,并依据下式计算平衡吸附量 $\frac{x}{m}$。

$$\frac{x}{m}=\frac{V(c_0-c_e)}{m}\times\frac{1}{1000} \tag{2-14-3}$$

式中,V 为被吸附溶液的总体积(mL)。

表 2-14-1 活性炭吸附 HAc 实验结果

项目	编号					
	1	2	3	4	5	6
V_{HAc}/mL	80.00	40.00	20.00	12.00	6.00	3.00
$V_{蒸馏水}$/mL	0.00	40.00	60.00	68.00	74.00	77.00
c_0/(mol·L^{-1})						
$m_{活性炭}$/g						
$V_{平衡取样}$/mL	5.00	10.00	10.00	25.00	25.00	25.00
$V_{NaOH消耗}$/mL						
c_e/(mol·L^{-1})						
$\frac{x}{m}$/(mol·g^{-1})						
$\lg c$						
$\lg\frac{x}{m}$						

(2) 以 $\lg\frac{x}{m}$ 对 $\lg c$ 作图,根据直线斜率和截距求出 n 和 k。

六、实验注意事项

(1) 实验振荡过程中,振荡速度不宜过快,防止液体飞溅出来。

(2) 为节约时间,根据平衡取样量计算 3 次平行测定的大致用量,1 号、2 号、3 号具塞锥形瓶内液体不一定需要过滤完全。

七、思考题

(1) 在过滤过程中，如果接收滤液的锥形瓶中有水，对实验结果有无影响？为什么？

(2) 实验过程中使用的是粉末状活性炭，能否改用颗粒状活性炭？为什么？

八、实验讨论与拓展

吸附剂是一类具有较大比表面积的物质，结构特征为疏松多孔状，有极性和非极性的区分。常见的固体吸附剂主要有活性炭、氧化铝、硅胶、分子筛、大孔吸附树脂等。大孔吸附树脂是一类不含离子交换基团的交联聚合物，理化性质稳定，不溶于酸、碱及有机溶媒，对有机物有浓缩、分离作用且不受无机盐类及强离子、低分子化合物的干扰。其本身由于范德华力或氢键的作用，具有吸附性；又具有网状结构和很高的比表面积，因此有筛选性能。吸附法在药物生产、质量控制及分离提纯等方面都有应用，如抗生素的分离、提纯，维生素的提取和纯化，天然产物的分离，中成药制备及质量控制，还有生化药物方面的应用等。吸附法在药学的各个领域的应用越来越广泛，并将越来越受到人们的重视。

附

KS康氏振荡器的使用及维护

KS康氏振荡器(图2-14-1)的主要特点：万能弹簧试瓶架特别适合用于多种对比实验的生物样品的培养、制备；设有机械定时；无级调速，操作简便安全。

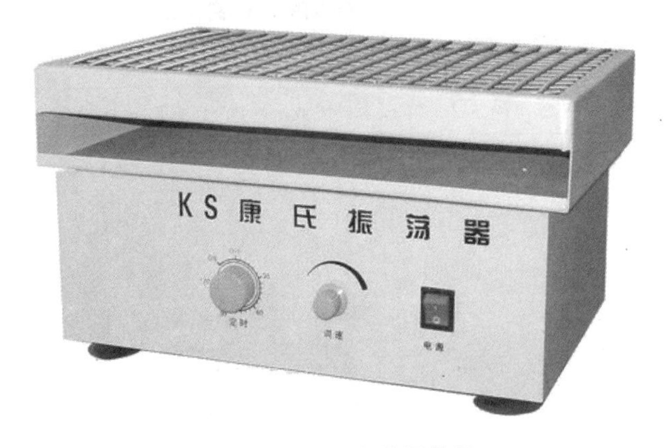

图 2-14-1　KS康氏振荡器

1. KS康氏振荡器的使用说明

(1) 在转速范围内中速使用，可延长仪器使用寿命。

(2) 仪器应放置在较牢固的工作台上，环境应清洁整齐，温度适中，通风良好。

(3) 使用仪器前，先将调速旋钮置于最小的位置。

(4) 装培养试瓶。为了使仪器工作时平衡性能好，避免产生较大的振动，装瓶时应将所有试瓶位布满，各试瓶的培养液量应大致相等；若培养试瓶不足，可将试瓶对称放置或装入其他等量溶液的试瓶布满空位。

(5) 选择定时，将定时旋钮调至“定时”或“常开”的位置。

(6) 接通外电源，将电源开关置于“开”的位置，指示灯亮。缓慢调节调速旋钮，升至所需转速。

(7) 每次关机前，必须将调速旋钮置于最小的位置，再将定时旋钮置零，关闭电源开关，切断电源。

2. KS 康氏振荡器的维护保养

(1) 正确使用仪器,使其处于良好的工作状态,可延长仪器使用寿命。

(2) 仪器在连续工作期间,每 3 个月应做一次定期检查:检查是否有水滴、污物等落入电机和控制元件上;检查保险丝、控制元件及紧固螺钉。

(3) 振荡器传动部分的轴承在出厂前已填充了适量的润滑脂 1 号钙-钠基,仪器在连续工作期间,每 6 个月应加注 1 次润滑脂,填充量约占轴承空间的 1/3。

(陕西中医药大学 张光辉)

实验十五　最大气泡法测定溶液的表面张力和表面超量

扫码看 PPT

扫码看视频

实验预习内容

1. 比表面吉布斯自由能、表面能、表面张力、吸附、表面超量等基本概念。
2. 吉布斯吸附等温式、朗缪尔吸附等温式及相关计算。

一、目的要求

(1) 掌握表面张力与吸附的关系，吉布斯(Gibbs)吸附等温式、朗缪尔(Langmuir)吸附等温式及相关计算。

(2) 熟悉最大气泡法测定溶液表面张力的原理和方法。

(3) 了解溶液的表面吸附现象。

二、实验原理

由于表面分子和内部分子所处的环境不同，表面层分子受到向内的拉力，所以液体表面有自动缩小的趋势。如果把一个分子由内部迁移到表面，需要对抗向内的拉力做功。在温度、压力和组成恒定时，可逆地使表面积增加 dA 所需对体系做的功，称为表面功，可以表示为

$$\delta W' = \sigma \mathrm{d}A \tag{2-15-1}$$

在 T、p 和组成恒定的条件下，σ 为增加单位表面积时对体系做的可逆非体积功，也可以说 σ 是每增加单位表面积时体系吉布斯自由能的增加值。环境对体系做的表面功转变为表面层分子相比内部分子多余的自由能，因此，σ 称为比表面吉布斯自由能，其单位为 $\mathrm{J \cdot m^{-2}}$。σ 在数值上等于作用在表面每单位长度上的力，即表面张力。

从另一方面考虑表面现象，特别是观察气-液界面，表面处处存在着一种张力，力图缩小表面积，这种力称为表面张力，其单位是 $\mathrm{N \cdot m^{-1}}$。表面张力是液体的重要特性之一，与所处的温度、压力、浓度以及共存的另一相的组成有关。

纯液体的表面张力通常是针对该液体与饱和了其本身蒸气的空气共存的情况而言。纯液体表面层的组成与内部相同，因此，降低体系表面自由能的唯一途径是尽可能缩小其表面积。对于溶液则由于溶质会影响表面张力，因此可以通过调节溶质在表面层的浓度来降低表面自由能。根据能量最低原则，溶质使溶剂的表面张力降低时，表面层中溶质的浓度应比溶液内部大；反之，溶质使溶剂的表面张力升高时，它在表面层中的浓度比在内部的浓度低，这种表面浓度与溶液内部浓度不同的现象称为吸附。显然，在一定的温度和压力下，吸附量与溶液的表面张力及浓度有关。吉布斯用热力学方法推导出它们之间的关系式为

$$\Gamma = -\frac{c}{RT}\left(\frac{\mathrm{d}\sigma}{\mathrm{d}c}\right)_T \tag{2-15-2}$$

式中，Γ 为吸附量，即表面超量，单位是 $\mathrm{mol \cdot m^{-2}}$。

当 $\left(\frac{\mathrm{d}\sigma}{\mathrm{d}c}\right)_T<0$ 时，$\Gamma>0$，称为正吸附，表明加入的溶质使溶液表面张力下降，此类物质称为表面活性物质；反之，当 $\left(\frac{\mathrm{d}\sigma}{\mathrm{d}c}\right)_T>0$ 时，$\Gamma<0$，称为负吸附，表明加入的溶质使溶液表面张力升高，此类物质称为非表面活性物质。从吉布斯吸附等温式可看出，只要测出不同浓度溶液的表面张力，绘制 σ-c 曲线图，在曲线上绘制不同浓度的切线，把斜率代入吉布斯吸附等温式，即可求出不同浓度时气-液界面上的吸附量 Γ。

在一定温度下，吸附量与溶液浓度之间的关系由朗缪尔吸附等温式表示：

$$\Gamma=\Gamma_{\infty}\frac{Kc}{1+Kc} \tag{2-15-3}$$

式中，Γ_{∞} 为饱和吸附量；K 为吸附系数。将式(2-15-3)转化成直线方程，则有

$$\frac{c}{\Gamma}=\frac{c}{\Gamma_{\infty}}+\frac{1}{K\Gamma_{\infty}} \tag{2-15-4}$$

绘制 $\frac{c}{\Gamma}$-c 图可得一直线，由直线斜率即可求出 Γ_{∞}。

假设在饱和吸附时是单分子层吸附，则可应用下式求得被吸附物质的横截面积 S_0。

$$S_0=\frac{1}{\Gamma_{\infty}N_{\mathrm{A}}} \tag{2-15-5}$$

式中，N_{A} 为阿伏加德罗常数；横截面积 S_0 的单位为 m^2。

本实验选用单管式最大气泡法，其测定装置如图 2-15-1 所示。

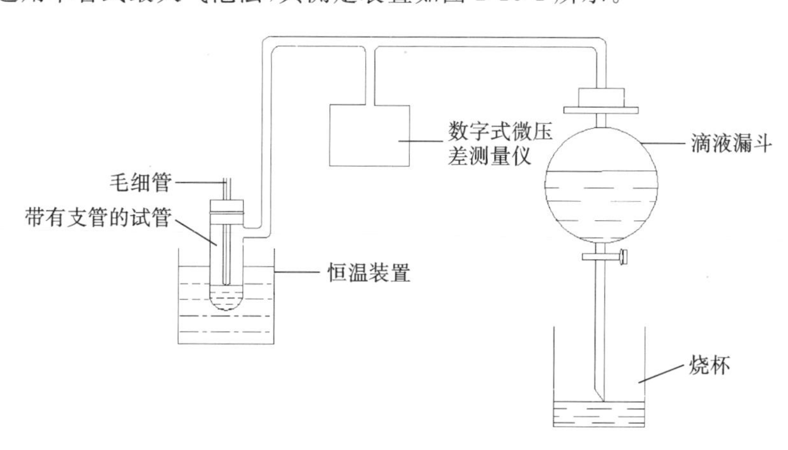

图 2-15-1 表面张力测定装置

当表面张力测定仪中的毛细管刚好与待测液面相切时，液面即沿毛细管上升。打开滴液漏斗的活塞，使水缓慢下滴而减小系统压力，这样毛细管内液面上受到一个比试管中液面上大的压力，当此压差在毛细管端面上产生的作用力稍大于毛细管口液体的表面张力时，气泡就从毛细管口逸出，这一最大压差可在数字式微压差测量仪上读出。其关系式为

$$p_{最大}=p_{大气}-p_{系统}=\Delta p \tag{2-15-6}$$

如果毛细管半径为 r，气泡由毛细管口逸出时受到向下的总压力最大，其值为 $\pi r^2 p_{最大}$。

气泡在毛细管中受到的表面张力引起的作用力为 $2\pi r\sigma$。刚发生气泡自毛细管口逸出时，上述两力相等，即

$$\pi r^2 p_{最大}=\pi r^2\Delta p=2\pi r\sigma \tag{2-15-7}$$

$$\sigma=\frac{r}{2}\Delta p \tag{2-15-8}$$

若用同一根毛细管，对两种表面张力分别为 σ_1 和 σ_2 的液体而言，则有下列关系：

$$\frac{\sigma_1}{\sigma_2}=\frac{\Delta p_1}{\Delta p_2}$$

$$\sigma_1=\sigma_2\frac{\Delta p_1}{\Delta p_2}=K'\Delta p_1 \tag{2-15-9}$$

式中，K' 为仪器常数。

因此，以已知表面张力的液体为标准，由式(2-15-9)即可求出其他液体的表面张力。

三、仪器与试剂

1. 仪器

表面张力测定仪 1 套，恒温装置 1 套，数字式微压差测量仪 1 台，毛细管(半径 0.15～0.02 mm)2 根，50 mL 容量瓶 8 个等。

2. 试剂

正丁醇(AR)，乙醇(AR)等。

四、实验步骤

1. 仪器装置

按图 2-15-1 所示装置图安装仪器。

2. 设定温度

调节恒温装置温度为 25 ℃。

3. 溶液配制

配制下列浓度的正丁醇(或乙醇)溶液各 50 mL：0.02 mol·L^{-1}、0.05 mol·L^{-1}、0.10 mol·L^{-1}、0.15 mol·L^{-1}、0.20 mol·L^{-1}、0.25 mol·L^{-1}、0.30 mol·L^{-1}、0.35 mol·L^{-1}。

4. 仪器常数测定

以蒸馏水为待测液测定仪器常数。使干燥的毛细管刚好与水面相切，打开滴液漏斗，控制滴液速度，使气泡逸出的速度为每 5～10 s 1 个，在毛细管口气泡逸出的瞬间最大压差为 700～800 Pa(否则需调换毛细管)。测量 3 次，读取压差，取平均值。

5. 待测溶液表面张力的测定

用待测溶液润洗试管和毛细管，加适量待测溶液于试管中，按照仪器常数测定的方法，测定已知浓度的待测溶液的压差 Δp。

五、实验数据记录与处理

将实验数据记录于表 2-15-1 中。

表 2-15-1　表面超量和溶液浓度数据记录

项目	c/(mol·L^{-1})							
	0.02	0.05	0.10	0.15	0.20	0.25	0.30	0.35
Δp								
σ								
$\left(\frac{d\sigma}{dc}\right)_T$								
Γ								
$\frac{c}{\Gamma}$								

(1) 查出实验温度时水的表面张力，由 $K' = \frac{\sigma_{H_2O}}{\Delta p}$，求出仪器常数 K'。

(2) 由式(2-15-9)计算各待测溶液的表面张力 σ，并绘制 σ-c 曲线。

(3) 在 σ-c 曲线上，分别在 $0.02\ mol \cdot L^{-1}$、$0.05\ mol \cdot L^{-1}$、$0.10\ mol \cdot L^{-1}$、$0.15\ mol \cdot L^{-1}$、$0.20\ mol \cdot L^{-1}$、$0.25\ mol \cdot L^{-1}$、$0.30\ mol \cdot L^{-1}$、$0.35\ mol \cdot L^{-1}$ 处作切线，分别求出相应的 $\left(\frac{d\sigma}{dc}\right)_T$ 值，并计算在各相应浓度的 Γ。

(4) 绘制 $\frac{c}{\Gamma} - c$ 图，由直线斜率求出 Γ_∞。

(5) 根据式(2-15-5)计算分子的横截面积 S_0。

六、实验注意事项

(1) 测定用的毛细管一定要洗干净，否则气泡不能连续稳定地产生，使气压计读数不稳定。

(2) 毛细管一定要与液面保持垂直，管口刚好与液面相切。

(3) 在数字式微压差测量仪上，应读出单个气泡逸出时的最大压差。

七、思考题

(1) 用最大气泡法测定表面张力时为什么要读最大压差?

(2) 哪些因素影响表面张力测定结果? 如何减小、消除这些因素对实验的影响?

(3) 气泡逸出的速度过快对实验结果有没有影响? 为什么?

八、实验讨论与拓展

表面张力在药物研究和生产中有十分重要的意义。在制剂(如乳剂、脂质体、软胶囊和某些固体制剂)制备中，各相间的界面和界面张力是制剂成功与否的关键因素，特别是在乳剂、脂质体等液体制剂的制备中，其基础问题就是表面张力。在难溶性药物制剂的制备中，表面活性剂可以通过改变制剂与吸收部位的表面张力，通过降低表面能达到增加或改善药物吸收的目的。在固体制剂质量评价中，特别是溶出度或释放度检查中，有时用表面活性剂作为溶出介质，改变载药固体颗粒与溶出介质之间的表面张力，以评价难溶性药物的溶出性能。在包衣过程中，衣膜溶液与片剂表面接触时的表面张力是决定衣膜能否附着在片剂表面的关键。

通过表面张力可以测定临界胶束浓度，这些信息对难溶性药物的增溶有指导意义。

(蚌埠医学院 李文戈 童静)

实验十六　接触角的测定

扫码看 PPT

实验预习内容

1. 润湿、接触角的概念。
2. 表面张力的定义。

扫码看视频

一、目的要求

(1) 掌握用 JC2000C1 静滴接触角/界面张力测量仪测定接触角和表面张力的方法。
(2) 熟悉接触角的含义与应用。
(3) 了解液体在固体表面的润湿过程。

二、实验原理

润湿是自然界和生产过程中常见的现象。通常将固-气界面被固-液界面所取代的过程称为润湿。将液体滴在固体表面,由于性质不同,有的会铺展开来,有的则黏附在表面成为平凸透镜状,这种现象称为润湿作用。前者称为铺展润湿,后者称为黏附润湿,如水滴在干净玻璃板上可以产生铺展润湿。如果液体不黏附而保持椭球状,则称为不润湿。如汞滴到玻璃板上或水滴到防水布上的情况。此外,如果是能被液体润湿的固体完全浸入液体中,则称为浸湿。上述各种类型可见图 2-16-1。

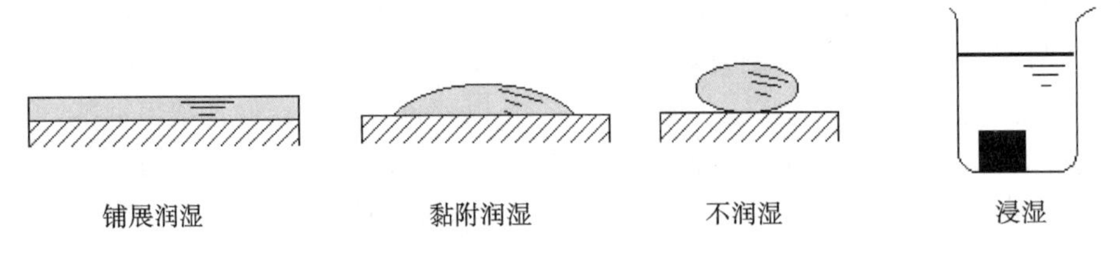

图 2-16-1　各种类型的润湿

当液体与固体接触后,体系的自由能降低。因此,液体在固体表面润湿程度的大小可用这一过程自由能降低的程度来衡量。在恒温恒压下,当一液滴放置在固体平面上时,液滴能自动地在固体表面铺展开来,或以与固体表面成一定接触角的液滴存在,如图 2-16-2 所示。

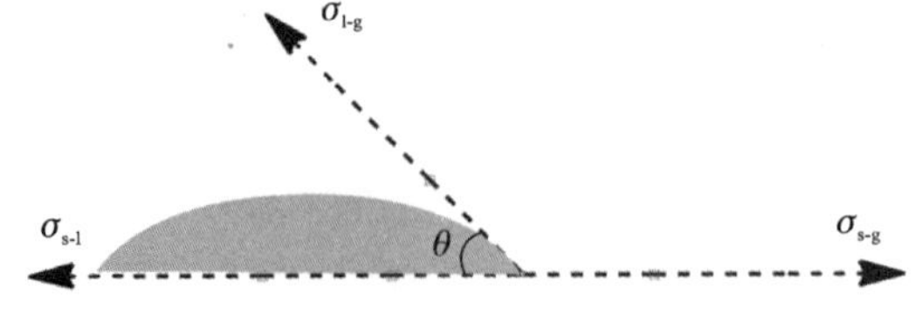

图 2-16-2　接触角示意图

假定不同的界面间力可用作用在界面方向的界面张力来表示,则当液滴在固体平面上处

于平衡位置时，这些界面张力在水平方向上的分力之和应等于零，这个平衡关系就是著名的Young方程，即

$$\sigma_{s\text{-}g}-\sigma_{s\text{-}l}=\sigma_{l\text{-}g}\cdot\cos\theta \tag{2-16-1}$$

式中，$\sigma_{s\text{-}g}$、$\sigma_{l\text{-}g}$、$\sigma_{s\text{-}l}$分别为固-气、液-气和固-液界面张力；θ是在固、气、液三相交界处，自固体界面经液体内部到气-液界面的夹角，称为接触角，在0°～180°之间。接触角是反映物质与液体润湿性关系的重要尺度。

在恒温恒压下，黏附润湿、铺展润湿过程发生的热力学条件分别是

黏附润湿 $$W_a=\sigma_{s\text{-}g}-\sigma_{s\text{-}l}+\sigma_{l\text{-}g}\geqslant 0 \tag{2-16-2}$$

铺展润湿 $$S=\sigma_{s\text{-}g}-\sigma_{s\text{-}l}-\sigma_{l\text{-}g}\geqslant 0 \tag{2-16-3}$$

式中，W_a、S分别为黏附润湿、铺展润湿过程的黏附功、铺展系数。

若将式(2-16-1)代入式(2-16-2)、式(2-16-3)，可得到下面的方程。

$$W_a=\sigma_{s\text{-}g}-\sigma_{s\text{-}l}+\sigma_{l\text{-}g}=\sigma_{l\text{-}g}(1+\cos\theta) \tag{2-16-4}$$

$$S=\sigma_{s\text{-}g}-\sigma_{s\text{-}l}-\sigma_{l\text{-}g}=\sigma_{l\text{-}g}(\cos\theta-1) \tag{2-16-5}$$

以上方程说明，只要测定了液体的表面张力和接触角，便可以计算出黏附功、铺展系数，进而判断各种润湿现象。通常把$\theta=90°$作为润湿与否的界限，当$\theta>90°$时，称为不润湿；当$\theta\leqslant 90°$时，称为润湿，θ越小，润湿性能越好；当$\theta=0$时，液体在固体表面铺展，固体被完全润湿。

接触角是表征液体在固体表面润湿性的重要参数之一，由它可了解液体在一定固体表面的润湿程度。接触角在矿物浮选、注水采油、洗涤、印染、焊接等方面有广泛的应用。

决定和影响润湿作用和接触角的因素很多。如固体和液体的性质及杂质、添加物的影响，固体表面的粗糙程度、不均匀性的影响，表面污染等。原则上说，极性固体易被极性液体润湿，而非极性固体易被非极性液体润湿。玻璃是一种极性固体，故易被水润湿。对于一定的固体表面，在液相中加入表面活性剂常可改善润湿性质，并且随着液体和固体表面接触时间的延长，接触角有逐渐变小并趋于定值的趋势，这是表面活性剂在各界面上吸附的结果。

接触角的测定方法很多，根据直接测定的物理量可分为四大类：角度测量法、长度测量法、力测量法、透射测量法。其中，角度测量法是最常用的，也是最直接的一类方法。它是在平整的固体表面滴一滴小液滴，直接测量接触角的大小。为此，可用低倍显微镜中装有的量角器测量，也可将液滴图像投影到屏幕上或拍摄图像后再用量角器测量，这类方法都无法避免人为作切线的误差。本实验所用的仪器JC2000C1静滴接触角/界面张力测量仪采取量角法和量高法进行接触角的测定。

三、仪器与试剂

1. 仪器

JC2000C1静滴接触角/界面张力测量仪(图2-16-3)，微量注射器(仪器自带)，50 mL容量瓶9个，镊子，载玻片，涤纶薄片，聚乙烯片，金属片(不锈钢、铜等)等。

2. 试剂

蒸馏水，无水乙醇(AR)，甲醇(AR)，异丙醇(AR)，正丁醇(AR)，十二烷基苯磺酸钠(AR)(或十二烷基硫酸钠)等。十二烷基苯磺酸钠溶液的质量分数：0.01%、0.02%、0.03%、0.04%、0.05%、0.10%、0.15%、0.20%、0.25%。

四、实验步骤

(1) 考察水滴在载玻片上的大小(体积)与所测接触角读数的关系，找出测量所需的最佳液滴大小。

图 2-16-3 JC2000C1 静滴接触角界面张力测量仪

(2) 考察水在不同固体(玻璃、涤纶、金属)表面的接触角。

(3) 等温下醇类同系物(如甲醇、乙醇、异丙醇、正丁醇)在涤纶片和玻璃片上的接触角和表面张力的测定。

(4) 等温下不同浓度的乙醇溶液(浓度由实验者自行设计)在涤纶片和玻璃片上的接触角和表面张力的测定。

(5) 等温下不同浓度十二烷基苯磺酸钠溶液在固体表面的接触角和表面张力的测定。

五、实验数据记录与处理

将实验数据记录于表 2-16-1 至表 2-16-3 中,初步解释所得结果的原因。

表 2-16-1 水在不同固体表面的接触角的测定

实验温度:________

固体表面	θ(量角法)/(°)			θ(量高法)/(°)
	左	右	平均	
玻璃				
涤纶				
金属				

表 2-16-2 等温下醇类同系物在涤纶片和玻璃片上的接触角和表面张力的测定

实验温度:________

醇类同系物	θ/(°)	$\cos\theta$	σ/(mN·m^{-1})
甲醇			
乙醇			
异丙醇			
正丁醇			

表 2-16-3 等温下不同浓度十二烷基苯磺酸钠溶液在固体表面的接触角和表面张力的测定

实验温度：________

浓度	$\theta/(°)$		$\cos\theta$		$\sigma/(mN\cdot m^{-1})$	$W_a/(mN\cdot m^{-1})$		$S/(mN\cdot m^{-1})$	
	涤纶	玻璃	涤纶	玻璃		涤纶	玻璃	涤纶	玻璃
0.01%									
0.02%									
0.03%									
0.04%									
0.05%									
0.10%									
0.15%									
0.20%									
0.25%									

用所测得的表面张力对十二烷基苯磺酸钠溶液的浓度作图，根据其表面张力曲线了解表面活性剂的特性。

六、实验注意事项

(1) 严格按照接触角测量仪的操作步骤测定样品的接触角。

(2) 微量进样器应小心使用，准确控制进样量。

(3) 测量的平衡时间为 60 s，太长容易导致液体挥发。

七、思考题

(1) 液体在固体表面的接触角与哪些因素有关？

(2) 在本实验中滴到固体表面的液滴的大小对所测接触角读数是否有影响？为什么？

(3) 实验中滴到固体表面的液滴的平衡时间对接触角读数是否有影响？

八、实验讨论与拓展

表面活性剂开始形成球状胶束的最低浓度称为临界胶束浓度(CMC)，当表面活性剂的溶液浓度达到 CMC 时，除表面张力外，溶液的多种物理化学性质，如摩尔电导、黏度、渗透压、去污能力、接触角等都会发生急剧变化。你能设计出一个采用接触角法测定、确定 CMC 的方法吗？

附

1. 接触角的测定方法

(1) 开机。将仪器插上电源，打开计算机，双击桌面上的 JC2000C1 应用程序进入主界面。点击界面右上角的“活动图像”按钮，这时可以看到摄像头拍摄的载物台上的图像。

(2) 调焦。将进样器或微量注射器固定在载物台上方，调整摄像头焦距到 0.7 倍(测小液滴接触角时通常调到 2～2.5 倍)，然后旋转摄像头底座后面的旋钮调节摄像头到载物台的距离，使图像最清晰。

(3) 加入样品。可以通过旋转载物台右边的采样旋钮抽取液体，也可以用微量注射器压出液体。测接触角一般用 0.6～1.0 μL 样品。这时可以从活动图像中看到进样器下端出现了一个清晰的小液滴。

(4) 接样。旋转载物台底座的旋钮使载物台慢慢上升,触碰悬挂在进样器下端的液滴后下降,使液滴留在固体平面上。

(5) 冻结图像。点击界面右上角的“冻结图像”按钮将画面固定,再点击文件菜单中的“保存”,将图像保存在文件夹中。接样后要在 20 s(最好 10 s)内冻结图像。

(6) 量角法。点击“量角法”按钮,进入量角法主界面,按“开始”键,打开之前保存的图像。这时图像上出现一个由两条直线交叉 45°角组成的测量尺,利用键盘上的“Z”“X”“Q”“A”键(即左、右、上、下键)调节测量尺的位置:首先使测量尺与液滴边缘相切,然后下移测量尺使交叉点到液滴顶端,再利用键盘上“<”和“>”键(即左旋和右旋键)旋转测量尺,使其与液滴左端相交,即得到接触角的数值。另外,也可以使测量尺与液滴右端相交,此时应用 180°减去所见的数值方为正确的接触角数值,最后求两者的平均值。

(7) 量高法。点击“量高法”按钮,进入量高法主界面,按“开始”键,打开之前保存的图像。然后用鼠标左键顺次点击液滴的顶端和液滴的左、右两端与固体表面的交点。如果点击错误,可以点击鼠标右键,取消选定。

2. 表面张力的测定

(1) 开机。将仪器插上电源,打开计算机,双击桌面上的 JC2000C1 应用程序进入主界面。点击界面右上角的“活动图像”按钮,这时可以看到摄像头拍摄的载物台上的图像。

(2) 调焦。将进样器或微量注射器固定在载物台上方,调整摄像头焦距到 0.7 倍,然后旋转摄像头底座后面的旋钮调节摄像头到载物台的距离,使图像最清晰。

(3) 加入样品。可以通过旋转载物台右边的采样旋钮抽取液体,也可以用微量注射器压出液体。测表面张力应选择在液滴最大时,这时可以从活动图像中看到进样器下端出现一个清晰的大液泡。

(4) 冻结图像。当液滴欲滴未滴时点击界面的“冻结图像”按钮,再点击文件菜单中的“保存”,将图像保存在文件夹中。

(5) 悬滴法。单击“悬滴法”按钮,进入悬滴法主界面,按“开始”键,打开图像文件。然后顺次在液泡左、右两侧和底部用鼠标左键各取一点,随后在液泡顶部会出现一条横线与液泡两侧相交,然后用鼠标左键在两个相交点处各取一点,这时会跳出一个对话框,输入密度差和放大因子后,即可测出表面张力。

注:密度差为液体样品与空气的密度之差;放大因子为图中针头最右端与最左端的横坐标之差再除以针头直径所得的值。

(河南中医药大学　李晓飞)

实验十七　乳状液的制备和性质

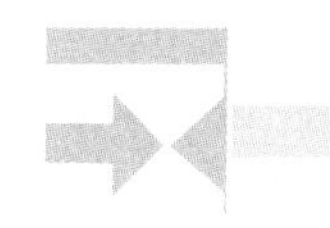

实验预习内容

扫码看 PPT

1. 乳状液的概念和特征。
2. 乳状液的分类和鉴别方法。

扫码看视频

一、目的要求

(1) 掌握乳状液的制备和鉴别方法。
(2) 熟悉乳状液的性质。
(3) 了解纳米乳和乳状液的区别。

二、实验原理

两种互不相溶的液体，在有乳化剂存在的条件下一起振荡时，一个液相会被粉碎成液滴分散在另一个液相中形成稳定的乳状液，被粉碎成的液滴称为分散相，另一相称为分散介质。乳状液总有一个液相为水(或水溶液)，简称为"水"相；另一相是不溶于水的有机物，简称为"油"相。油分散在水中形成的乳状液，称水包油(O/W)型；反之，称为油包水(W/O)型。两种液体形成何种类型的乳状液，主要与形成乳状液时所添加的乳化剂性质有关。乳状液中分散相粒子的大小为 1～50 μm，因此从粒子的大小看，属于粗分散系统，但由于它具有多相性和聚结不稳定性等特点，所以也是胶体化学研究的对象。

在自然界、生产以及日常生活中，人们经常接触到乳状液，如从油井中喷出的原油、橡胶类植物的乳浆、常见的一些杀虫用乳剂、牛奶、人造黄油等。

为形成稳定的乳状液所必须加入的第三组分通常称为乳化剂，其作用在于不使分散相液滴相互聚结。许多表面活性物质可以用作乳化剂。它们可以在界面上吸附，形成具有一定机械强度的界面吸附层，在分散相液滴的周围形成坚固的保护膜而稳定存在，乳化剂的这种作用称为乳化作用。通常，一价金属的脂肪酸皂，由于其亲水性大于其亲油性，界面吸附层能形成较厚的水化层，而能形成稳定的 O/W 型乳状液。而二价金属的脂肪酸皂，其亲油性大于其亲水性，界面吸附层能形成较厚的油溶剂化层，而能形成稳定的 W/O 型乳状液。

O/W 型和 W/O 型乳状液外观类似，将形成乳状液时被分散的相称为内相，而作为分散介质的相称为外相，显然内相是不连续的，而外相是连续的。

(一) 鉴别乳状液类型的方法

1. 稀释法

乳状液能被与其外相液体性质相同的液体稀释，例如牛奶能被水稀释。因此，加一滴乳状液于水中，如立即散开，说明乳状液的分散介质是水，故该乳状液属 O/W 型；如不能立即散开，则属于 W/O 型。

2. 导电法

水相中一般都含有离子，故其导电能力比油相大得多。当水为分散介质时，外相是连续的，则乳状液的导电能力强。若油为分散介质，水为内相，内相是不连续的，乳状液的导电能力很弱。若将两个电极插入乳状液，接通直流电源，并串联电流表，则电流表指针显著偏转为 O/W 型乳状液；若电流表指针几乎不偏转，则为 W/O 型乳状液。见图 2-17-1。

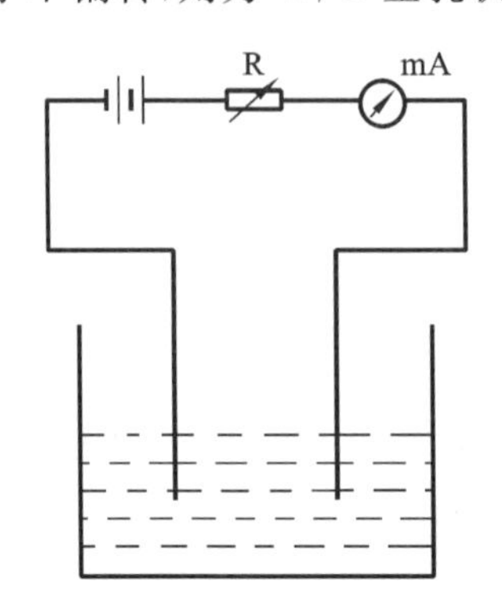

图 2-17-1　导电法鉴别乳状液类型

3. 染色法

选择一种能溶于乳状液两个液相中的一个液相的染料，加至乳状液中。如将水溶性染料亚甲蓝加入乳状液中，显微镜下观察，连续相呈蓝色，说明水是外相，乳状液是 O/W 型；将油溶性染料苏丹红Ⅲ加入乳状液中，显微镜下观察，连续相呈红色，说明油是外相，乳状液是 W/O 型。

乳状液无论在工业上还是在日常生活中都有广泛的应用，有时必须设法破坏天然形成的乳状液，如石油原油和橡胶类植物乳浆的脱水、牛奶中提取奶油、污水中除去油沫等都是破乳过程。破坏乳状液主要是破坏乳化剂的保护作用，最终使水油两相分层析出。

（二）常用的破乳方法

1. 加入适量的破乳剂

破乳剂往往是反型乳化剂，如对于由油酸镁作为乳化剂而形成的 W/O 型乳状液，加入适量的油酸钠可使乳状液破坏。因为油酸钠亲水性强，能在界面上吸附，形成较厚的水化层，与油酸镁相对抗，互相降低它们的乳化作用，使乳状液稳定性降低而破坏。但若油酸钠加入过多，则其乳化作用占优势，使 W/O 型乳状液转相为 O/W 型乳状液。

2. 加入电解质

不同电解质可以产生不同作用。一般来说，在 O/W 型乳状液中加入电解质，可减薄分散相液滴表面的水化层，降低乳状液的稳定性，如在 O/W 型乳状液中加入适量 NaCl 可破乳，加入过量 NaCl 则使界面吸附层的水化层比油溶剂化层更薄，则 O/W 型乳状液会转相为 W/O 型乳状液。

有些电解质与乳化剂发生化学反应，破坏其乳化能力或形成乳化剂，如在油酸钠稳定的乳状液中加入盐酸，生成油酸，失去乳化能力，使乳状液被破坏。

3. 用不能生成牢固的保护膜的表面活性物质替代原来的乳化剂

如异戊醇的表面活性大，但其碳链太短，不足以形成牢固的保护膜，从而起到破乳作用。

4. 加热

升高温度使乳化剂在界面上的吸附量降低，在界面上的乳化剂层减薄，降低了界面吸附层的机械强度。此外，温度升高，降低了介质的黏度，增强了布朗运动，因此，降低了乳状液的稳定性，有助于乳状液的破坏。

5. 电场作用

在高压电场作用下，荷电分散相变形，彼此连接合并，使分散度下降，造成乳状液的破坏。

三、仪器与试剂

1. 仪器

100 mL 具塞锥形瓶 2 个，10 mL 普通试管 7 支，小玻璃棒 2 支，载玻片 2 个，盖玻片 2 个，普通光学显微镜 1 台，1 号电池 2 个，电流表 1 个，电极 1 对等。

2. 试剂

石油醚(AR)，植物油，$Ca(OH)_2$ 饱和溶液，苏丹红Ⅲ油溶液，亚甲蓝溶液或 K_2MnO_4 固体等。

四、实验步骤

1. 乳状液的制备

取 $Ca(OH)_2$ 饱和溶液 25 mL 与灭菌后的植物油 25 mL 混合，置于 100 mL 具塞锥形瓶中，加塞用力振摇，得到乳状液(或于 $Ca(OH)_2$ 饱和溶液中逐滴加入香油，并充分搅拌至乳白色)。

2. 乳状液的类型鉴别

(1) 稀释法：取 2 支试管，分别装半管去离子水、半管石油醚，然后用玻璃棒取乳状液少许，放入其中轻轻搅动。若为 O/W 型乳状液，则可与水均匀混合，成为淡乳白色浑浊液。若是 W/O 型乳状液，则不易分散在水中，或聚结成一团附在玻璃棒上，或成为小球状浮于水面。

(2) 染色法：取乳状液 1 滴，加苏丹红Ⅲ油溶液 1 滴。制片镜检，W/O 型乳状液连续相染红色，O/W 型乳状液分散相染红色。

取乳状液 1 滴，加亚甲蓝溶液 1 滴。制片镜检，W/O 型乳状液分散相染蓝色，O/W 型乳状液连续相染蓝色。

(3) 导电法：取 2 支干净试管，分别加入少许乳状液，按图 2-17-1 所示连接线路，鉴别乳状液的类型(或用电导仪测乳状液的电导，鉴别乳状液的类型)。

3. 乳状液的破坏和转相

(1) 取乳状液 2 mL，放入试管中，在水浴中加热，观察现象。

(2) 取 2～3 mL 乳状液于试管中，逐滴加入 NaCl 饱和溶液，剧烈振荡，观察乳状液有无破坏和转相(是否转相用稀释法鉴别)。

(3) 取 2～3 mL 乳状液于试管中，逐滴加入浓钠肥皂水(用沸水泡肥皂制得)，剧烈振荡，观察乳状液有无破坏和转相(是否转相用稀释法鉴别)。

五、实验数据记录与处理

(1) 实验现象记录：记录于表 2-17-1 中。

表 2-17-1 实验现象记录

实验步骤	实验方法	实验现象记录
乳状液鉴别	(1)稀释法	
	(2)染色法	
	(3)导电法	

续表

实验步骤	实验方法	实验现象记录
乳状液的破坏和转相	(1)水浴加热 (2)逐滴加入 NaCl 饱和溶液 (3)逐滴加入浓钠肥皂水	

(2) 用带颜色的笔画出在显微镜下观察到的乳状液被染色的情况,并判断该乳状液类型。

六、实验注意事项

(1) 制备乳状液时要用力充分振摇。

(2) 导电法测定乳状液类型时,如果采用电导仪,注意选用合适的量程。

七、思考题

(1) 乳状液的稳定性主要取决于什么?

(2) 乳状液的破坏和转相实验中,除了稀释法之外还有哪些方法可以判断是否转相?哪种方法最简便?

(3) 纳米乳和乳状液的主要区别是什么?

八、实验讨论与拓展

纳米乳又称微乳液,是由水、油、表面活性剂和助表面活性剂等自发形成,粒径为 1～100 nm 的热力学稳定、各向同性、透明或半透明的均相分散体系。一般来说,纳米乳分为三种类型,即水包油(O/W)型纳米乳、油包水(W/O)型纳米乳以及双连续(B. C)型纳米乳,1943 年由 Hoar 和 Schulman 首次发现并报道了这一分散体系。直到 1959 年,Schulman 才提出微乳液这一概念。此后,纳米乳的理论和应用研究获得了迅速的发展。目前,纳米乳化技术已渗透到日用化工、精细化工、石油化工、材料科学、生物技术以及环境科学等领域,成为当今国际上具有巨大应用潜力的研究领域。

纳米乳具有许多其他制剂没有的优点:①其为各向同性的透明或半透明液体,属热力学稳定系统,经热压灭菌或离心也不能使之分层;②工艺简单,制备过程无需特殊设备,可自发形成,纳米乳粒径一般为 1～100 nm;③黏度低,可减轻注射时的疼痛;④具有缓释和靶向作用;⑤可提高药物的溶解度,减少药物在体内的酶解,可形成对药物的保护作用并提高胃肠道对药物的吸收,提高药物的生物利用度。因此纳米乳作为一种药物载体受到广泛的关注。

(河南中医药大学　李晓飞)

实验十八　溶胶的制备和电泳

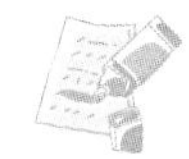

实验预习内容

扫码看 PPT

1. 溶胶的电学性质。
2. 溶胶制备及纯化的方法。

一、目的要求

(1) 掌握 $Fe(OH)_3$溶胶的制备以及纯化基本操作。

(2) 熟悉电解质的聚沉值、ζ 电势的测量。

(3) 了解影响聚沉值及 ζ 电势的主要因素。

二、实验原理

胶体溶液是分散相粒径为 1～100 nm 的高分散多相体系。胶核大多是分子或原子的聚集体，由于其本身电离或与介质摩擦或因选择性吸附介质中的某些离子而带电。由于整个胶体体系是电中性的，介质中必然存在与胶核所带电荷相反的离子(称为反离子)，反离子中有一部分因静电引力的作用，与吸附离子一起紧密地吸附于胶核表面，形成了紧密层。于是胶核、吸附离子和部分紧靠吸附离子的反离子构成胶粒。反离子的大部分由于热运动，以扩散方式分布于介质中，故称为扩散层。扩散层和胶粒构成胶团。扩散层与紧密层的交界区称为滑动面，滑动面上存在电势差，称为 ζ 电势。此电势只有在电场中才能显示出来，ζ 电势越大，溶胶体系越稳定。因此，ζ 电势的大小是衡量溶胶稳定性的重要参数。ζ 电势的大小与胶粒的大小，胶粒浓度，介质的性质、pH 及温度等因素有关。

在外加电场的作用下，荷电胶粒与分散介质间会发生相对运动，胶粒向正极或负极(视胶粒所带电荷为负或正而定)移动的现象称为电泳。

利用电泳现象，通过观察溶胶与辅助液之间的界面在电场中的移动速率 v 来测定 ζ 电势的方法，称为界面移动法。ζ 电势(V)用下式计算：

$$\zeta = 9 \times 10^9 \times \frac{K\pi\eta v}{\varepsilon E} \tag{2-18-1}$$

式中，η 为介质黏度(Pa・s)，ε 为介质的相对介电常数，本实验中溶液很稀，故可直接用水的 η 和 ε，ε(水)=81；E 为电场强度($V \cdot m^{-1}$)；v 为电泳速率($m \cdot s^{-1}$)；棒状粒子 $K=4$。

从能量观点来看，胶体体系是热力学不稳定体系，因高分散度体系界面能特别高，胶核有自发聚集而聚沉的倾向。但由于胶粒带同种电荷，因此在一定条件下又能相对稳定地存在。在实际中有时需要胶体稳定存在，有时需要破坏胶体使之发生聚沉。使胶体聚沉的最有效方法是加入过量的电解质来中和胶粒所带电荷，降低 ζ 电势。一定量某种溶胶在一定时间内发生明显聚沉所需电解质的最低浓度称为该电解质的聚沉值。

聚沉值、ζ 电势和胶粒粒径的测量常用较纯净的溶胶，这就要求对溶胶进行纯化。本实验采用渗析法，即通过半透膜除去溶胶中多余的电解质以达到纯化目的。

三、仪器与试剂

1. 仪器

稳流稳压电泳仪1台(0～300 V)，电泳管1支，250 mL、800 mL烧杯各1个，10 mL、100 mL量筒各1个，移液管(1 mL 2支、5 mL 1支、10 mL 4支)，150 mL磨口棕色试剂瓶1个，150 mL大口锥形瓶1个，25 mL试管6支，试管架1个，电导率仪1台，800 W电炉1台，棉线，细铜线，直尺，长约4 cm、直径为2 cm的空心玻璃管1根等。

2. 试剂

10% $FeCl_3$溶液，2.00 $mol \cdot L^{-1}$ NaCl溶液，0.010 $mol \cdot L^{-1}$ Na_2SO_4溶液，0.0050 $mol \cdot L^{-1}$ $Na_3PO_4 \cdot 12H_2O$溶液，0.010 $mol \cdot L^{-1}$ KNO_3或KCl稀溶液，市售6%火棉胶溶液等。

溶胶的制备和纯化

四、实验步骤

1. 水解法制备$Fe(OH)_3$溶胶

在250 mL烧杯中加入120 mL蒸馏水，加热煮沸。在沸腾条件下约1 min滴加完3 mL 10% $FeCl_3$溶液，并不断搅拌，加完后继续煮沸3 min。水解得到深红色的$Fe(OH)_3$溶胶约100 mL。

2. 制备火棉胶半透膜

取内壁光滑的150 mL大口锥形瓶，在转动下从瓶口加入6～8 mL 6%火棉胶溶液，使火棉胶在锥形瓶内壁形成均匀液膜，在转动下倒出多余的火棉胶溶液于回收瓶中，将锥形瓶倒置在铁圈上，使多余的火棉胶溶液流尽，让乙醚与乙醇蒸发，直至闻不出乙醚气味为止，此时用手轻摸，不粘手时注满蒸馏水(若发白说明乙醚未干，膜不牢固)，以溶去剩余的乙醇。用小刀在瓶口轻轻剥开一部分膜，在膜与瓶壁间注水，使膜脱离瓶壁，悬浮在水中，倒出水的同时，轻轻取出膜袋。检查是否有洞(用手托住膜袋底部，慢慢注满水)，若有破损，应重做。

3. 纯化$Fe(OH)_3$溶胶

将用水解法制得的$Fe(OH)_3$溶胶取出，装入制好的半透膜袋内，用粗玻璃管及细线拴住袋口悬挂在铁架台上。在加有500 mL60～70 ℃热蒸馏水的烧杯中渗析，每隔30 min换一次水，直至其电导率小于50 $\mu s \cdot cm^{-1}$。把纯化好的溶胶置于150 mL洁净的磨口棕色试剂瓶中。

4. 聚沉值的测定

(1) 取6支干净试管，分别以0～5编号。1号试管加入10 mL 2.00 $mol \cdot L^{-1}$的NaCl溶液，0号及2～5号试管各加入9 mL蒸馏水。然后从1号试管中取出1 mL溶液加入2号试管中，摇匀，又从2号试管中取出1 mL溶液加到3号试管中，以下各试管按顺序稀释，但从5号试管中取出的1 mL溶液弃去，使各试管均有9 mL溶液，且浓度依次相差10倍。0号作为对照。在0～5号试管内分别加入1 mL纯化的$Fe(OH)_3$溶胶(用1 mL移液管)，充分摇匀后，放置2 min左右，确定哪些试管发生聚沉。最后以聚沉和不聚沉的2支顺号试管内的NaCl溶液浓度的平均值作为聚沉值的近似值。

(2) 电解质分别换成0.010 $mol \cdot L^{-1}$ Na_2SO_4、0.0050 $mol \cdot L^{-1}$ $Na_3PO_4 \cdot 12H_2O$溶液，按照步骤(1)进行实验。比较其聚沉值大小。

(3) 按照与步骤(1)和(2)相同的步骤测定各电解质对未纯化的胶体的聚沉值。

上述测量，因为聚沉和不聚沉的2支顺号试管内的电解质浓度相差10倍，所以比较粗略。为了取得更精密的结果，可以在这相差10倍的浓度范围内，再自行确定浓度进行细分，并进行精密聚沉值的测量。注意：pH、温度对聚沉值影响很大。

5. 电势的测定

(1) 如图 2-18-1 所示，打开已洗干净的干燥 U 形电泳管中部支管中的活塞，先从中部支管加入适量已纯化的 $Fe(OH)_3$溶胶。注意：将电泳管稍倾斜，使加入的溶胶刚好至活塞口，关闭活塞（使活塞中无气泡），然后将电泳管固定在铁架台上。继续加溶胶至共 8～10 mL。

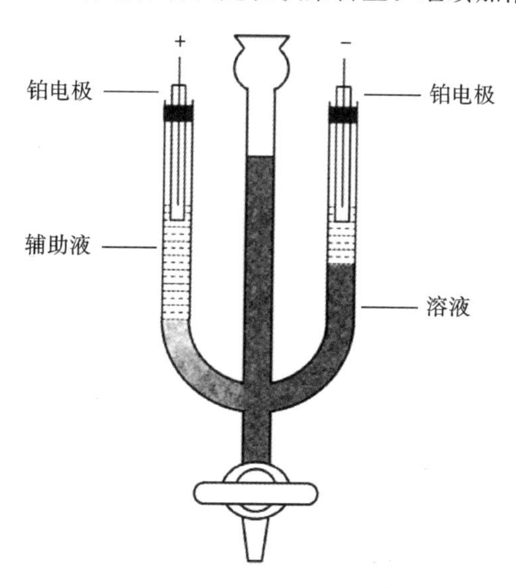

图 2-18-1 电泳测定装置

(2) 在 U 形管中加入辅助电解质 KNO_3或 KCl 溶液 6～8 mL，其电导率应与溶胶的电导率相同。在 U 形管两边插上铂电极，然后十分小心地慢慢打开（不能全部打开）活塞，使 $Fe(OH)_3$溶胶缓缓推辅助液上升至浸没电极约 0.5 cm 时关闭活塞。分别记下两边溶胶界面的刻度及电极两端点的刻度。

(3) 用细铜丝量出 U 形管弯曲处无刻度的距离，同时读取两电极尖端刻度。

(4) 将电极接入稳压电源，然后接通电源。调电压至 50 V。同时开动秒表，每隔 5 min 记录 1 次胶体两边界面刻度，通电约 30 min。

五、实验数据记录与处理

(1) 将实验数据记录于表 2-18-1 中。

表 2-18-1 电泳实验数据记录

室温：________ E：________ 导电距离：________

时间(t)/s	迁移距离/cm		速率($v=[s(+)+s(-)]/2t$)/(cm·s^{-1})
	$s(+)$	$s(-)$	

(2) 由实验结果计算电泳速率 v。

(3) 按式(2-18-1)计算 ζ 电势。

(4) 根据实验现象，说明 $Fe(OH)_3$溶胶带何种电荷。

六、实验注意事项

(1) 制备半透膜用的大口锥形瓶及电泳管内壁一定要光滑洁净。

(2) 所有线路正、负极不能接错，不能短路。

(3) 电泳管应洗净,避免因杂质混入电解质溶液而影响溶胶的 ζ 电势,甚至使溶胶聚沉。

(4) 保证界面清晰。

①提前排出气泡,若有气泡,可慢慢旋开活塞放出气泡,但切勿使溶胶流过活塞。

②打开活塞的动作尽量轻缓。

③在测量过程中要避免桌面震动。

(5) 规范操作高压数显稳压电源。

(6) 外加电压勿调太高。

(7) 实验完毕,须将溶胶从电泳管吸出回收,电泳管须洗净吹干。

七、思考题

(1) 三种电解质对已纯化和未纯化的 $Fe(OH)_3$ 溶胶的聚沉值的影响规律是否相同?为什么?

(2) 聚沉值、ζ 电势与哪些因素有关?

(3) 注意观察 U 形管中两极及溶胶界面上发生的变化,为什么会有这些变化?

(4) 通过实验说明溶胶浓度与 ζ 电势及粒径分布之间的关系。

八、实验讨论与拓展

药物在供给临床使用前,须制成适合医疗和预防应用的形式,这种形式称为药物的剂型,简称为药剂。药物剂型选择应遵循安全性、有效性、可控性、稳定性、顺应性、经济性等基本原则。按形态划分,常用药物剂型主要分为液体制剂(溶胶剂、水针剂等)、半固体制剂(软膏剂、凝胶剂等)、固体制剂(散剂、颗粒剂、片剂、胶囊剂、丸剂、栓剂等)和气体制剂(气雾剂、喷雾剂等)。作为液体制剂,溶胶剂将药物分散成溶胶态,可改善药物的吸收,使药效增大,如不被肠道吸收的硫黄制成溶胶则极易吸收;还可降低某些药物的刺激性,如特殊刺激性的银盐制成具有杀菌作用的胶体蛋白银、氧化银、碘化银等则刺激性降低。目前溶胶剂虽然应用有限,但其性质对药剂学却十分重要。

(山西医科大学　王宁)

实验十九　黏度法测定高聚物平均摩尔质量

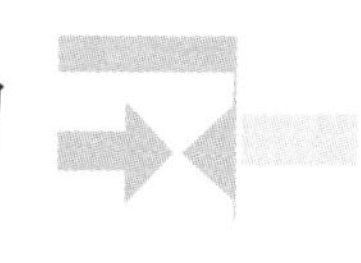

实验预习内容

扫码看 PPT

1. 常用的毛细管黏度计和用法，其中乌氏黏度计有何特点？
2. 什么是高聚物？高聚物的平均摩尔质量表示法。
3. 如何求得 η_r、η_{sp} 等量？各量之间的关系如何？如何求得黏均摩尔质量 M_η？

一、目的要求

(1) 掌握用乌氏(ubbelohde)黏度计测定黏度的方法，测定、计算高聚物黏均摩尔质量的原理和方法。

(2) 熟悉黏度的不同表示法及相互关系；测定右旋糖酐 40 的黏均摩尔质量。

(3) 了解不同黏度范围的高聚物需要用不同的方法测定黏度。

二、实验原理

高聚物即大分子化合物，其平均摩尔质量有不同的表示法，如黏均摩尔质量、数均摩尔质量、质均摩尔质量等。

高聚物溶液的黏度大，原因在于其分子链长度远大于溶剂分子，加上溶剂化作用，使其在流动时受到较大的内摩擦力。

黏性液体在流动过程中，必须克服内摩擦力做功。黏性液体在流动过程中所受阻力的大小可用黏度系数(简称黏度) η 来表示，单位为 Pa・s。纯溶剂的黏度反映了溶剂分子间的内摩擦力，记为 η_0；高聚物稀溶液的黏度 η 是液体流动时内摩擦力大小的反映，是高聚物分子间的内摩擦力、高聚物分子与溶剂分子间的内摩擦力以及溶剂分子间的内摩擦力三者效应之和。在相同温度下，$\eta > \eta_0$ 。

溶液黏度与纯溶剂黏度的比值称为相对黏度 η_r。

$$\eta_r = \frac{\eta}{\eta_0} \tag{2-19-1}$$

相对于溶剂，溶液黏度增加的分数称为增比黏度 η_{sp}。

$$\eta_{sp} = \frac{\eta - \eta_0}{\eta_0} = \eta_r - 1 \tag{2-19-2}$$

η_{sp} 表示已扣除了溶剂分子间的内摩擦力，仅反映高聚物分子与溶剂分子间和高聚物分子间的内摩擦力。

高聚物溶液的增比黏度 η_{sp} 往往随质量浓度 c(g・mL^{-1})的增加而增加，将单位浓度时的增比黏度称为比浓黏度。

$$\eta_c = \frac{\eta_{sp}}{c} \tag{2-19-3}$$

当溶液无限稀释时，高聚物分子彼此相距较远，其相互作用力可忽略，这时有关系式：

$$[\eta]=\lim_{c\to 0}\frac{\eta_{sp}}{c}=\lim_{c\to 0}\frac{\ln\eta_r}{c} \tag{2-19-4}$$

式中，$[\eta]$ 称为特性黏度，它反映的是无限稀释溶液中高聚物分子与溶剂分子间的内摩擦力，其值取决于溶剂的性质及高聚物分子的大小和形态。其量纲为[浓度]$^{-1}$。

在足够稀的高聚物溶液中，有如下经验式：

$$\frac{\eta_{sp}}{c}=[\eta]+k_1[\eta]^2c \tag{2-19-5}$$

$$\frac{\ln\eta_r}{c}=[\eta]-k_2[\eta]^2c \tag{2-19-6}$$

式中，k_1、k_2 为经验常数。绘制 $\frac{\eta_{sp}}{c}$-c 图或 $\frac{\ln\eta_r}{c}$-c 图，由直线截距可得出特性黏度 $[\eta]$。

高聚物溶液的特性黏度与高聚物黏均摩尔质量之间的关系，有如下经验方程：

$$[\eta]=K\cdot M_\eta^\alpha \tag{2-19-7}$$

式中，K 和 α 为经验常数，由此式即可计算出高聚物的黏均摩尔质量 M_η。

本实验采用毛细管黏度计测定黏度，通过测定一定体积的液体流经一定长度和半径的毛细管所需时间而得到黏度。当液体在重力作用下流经毛细管时，遵守泊肃叶（Poiseuille）定律。

$$\eta=\frac{\pi\Delta pr^4t}{8lV}=\frac{\pi\rho g\Delta hr^4t}{8lV} \tag{2-19-8}$$

式中，r、l 分别为毛细管的半径、长度；V 为 t 时间内流经毛细管的液体体积；Δp 为毛细管两端的压差，$\Delta p=\rho g\Delta h$，ρ 为液体的密度，Δh 为毛细管两端的高度差，g 为重力加速度。对于给定的黏度计，r、l、V 都是定值。

用同一支黏度计在相同条件下测定溶剂、溶液流经毛细管的时间，测定时注意保持毛细管两端的压差相同；当溶液的浓度不大时，溶液的密度与溶剂的密度可看作近似相同，有

$$\eta_r=\frac{\eta}{\eta_0}=\frac{t}{t_0} \tag{2-19-9}$$

三、仪器与试剂

1. 仪器

玻璃恒温槽 1 套，乌氏黏度计 1 支，50 mL 具塞锥形瓶 1 个，20 mL 移液管 1 支，停表(0.1 s)1 个等。

2. 试剂

右旋糖酐 40 溶液，90%乙醇等。

四、实验步骤

(1) 将恒温槽恒温在(25.0±0.1) ℃。

(2) 测定溶液流出时间：取洁净干燥的乌氏黏度计，加入待测高聚物溶液，恒温后，测定溶液流出时间。然后依次加入溶剂 5 mL、10 mL、15 mL、20 mL，混匀、恒温后，测定溶液流出时间。测定方法：将黏度计浸没在水浴中，垂直固定于恒温槽内(可用吊锤检查是否垂直)。自 A 管口注入待测液，恒温，夹紧 C 管上连接的乳胶管，在 B 管上用洗耳球慢慢抽气，待液体升至 G 球的一半左右停止抽气。打开 C 管上的夹子，可以看到毛细管内液体同 D 球分开，形成了气承悬液柱。用停表测定液面流经 a、b 两刻度间所需要的时间。重复测定 3 次，每次测定值

相差不超过 0.3 s,取平均值。

(3) 测定溶剂流出时间:充分洗净黏度计,测定溶剂流出时间。

(4) 实验结束后,用 95%乙醇洗黏度计 2 次(特别注意洗毛细管),把黏度计倒挂,晾干。

五、实验数据记录与处理

(1) 将实验数据记录于表 2-19-1 中。

表 2-19-1 实验数据记录

项目	1	2	3	4	5
$c/(\mathrm{g\cdot mL^{-1}})$					
t_1/s					
t_2/s					
t_3/s					
$t_{平均}/\mathrm{s}$					
η_r					
η_{sp}					
$\ln\eta_r/c$					
η_{sp}/c					

$t_0=$

(2) 用作图法求得 $[\eta]$:依据式(2-19-5)或式(2-19-6),绘制 $\frac{\eta_{sp}}{c}$-c 图或 $\frac{\ln\eta_r}{c}$-c 图,由直线截距可得出特性黏度 $[\eta]$。

(3) 由式(2-19-7)计算右旋糖酐 40 的黏均摩尔质量 M_η(25 ℃时,右旋糖酐 40 的 $K=9.22\times10^{-2}$,$\alpha=0.5$)。

六、实验注意事项

(1) 溶液混合不均匀、测定时黏度计没有保持垂直等,是实验误差的主要来源,实验中要十分注意避免误差。

(2) 实验测得的高聚物摩尔质量的单位以 $\mathrm{kg\cdot mol^{-1}}$表示,保留 1 位小数即可。

七、思考题

(1) 奥氏黏度计与乌氏黏度计有何不同?乌氏黏度计的 C 管有何作用?

(2) 本实验是先测溶液,后测溶剂,与一般测定顺序不同,是出于什么考虑?

(3) 查阅药典,进一步学习黏度测定方法,请对黏度测定方法做一个小结。

八、实验讨论与拓展

黏度是液体的特性常数。黏度发生改变,表明样品的性质、纯度等发生了变化,所以在药学中,可以通过测定供试品的黏度检查其纯度等。黏度计有多种类型,除了毛细管黏度计外,还有旋转式黏度计、落球式黏度计等,可以根据所测黏度范围适当选用。

(云南中医药大学 魏泽英 高慧)

实验二十　电导法测定水溶性表面活性剂的临界胶束浓度

扫码看 PPT

实验预习内容

1. 胶束与临界胶束浓度的概念。
2. 电导率仪的使用方法。

一、目的要求

(1) 掌握用电导法测定表面活性剂的临界胶束浓度(CMC)的方法。
(2) 熟悉电导率仪的使用方法。
(3) 了解表面活性剂的性质及胶束形成的原理。

二、实验原理

凡能显著降低表面张力的物质称为表面活性剂。表面活性剂既具有亲水的极性基团也有亲油的非极性基团。将表面活性剂溶于水中,低浓度时溶质主要以单个分子或离子的状态存在,当溶液浓度增加到一定程度时,表面活性剂分子或离子发生缔合,此时分子的疏水基通过疏水相互作用缔合在一起向内,亲水基朝向水中,形成胶束,如图 2-20-1 所示。表面活性剂溶液形成胶束所需的最低浓度称为临界胶束浓度(critical micelle concentration,CMC)。

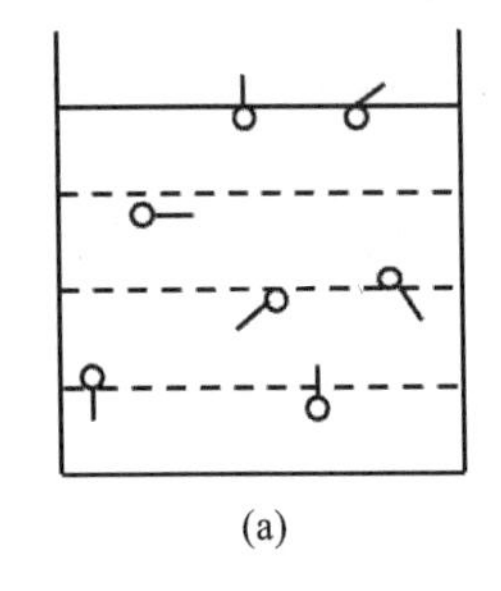

(a)

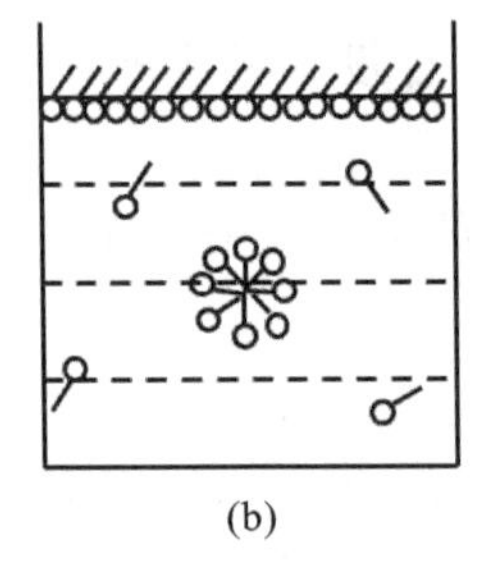

(b)

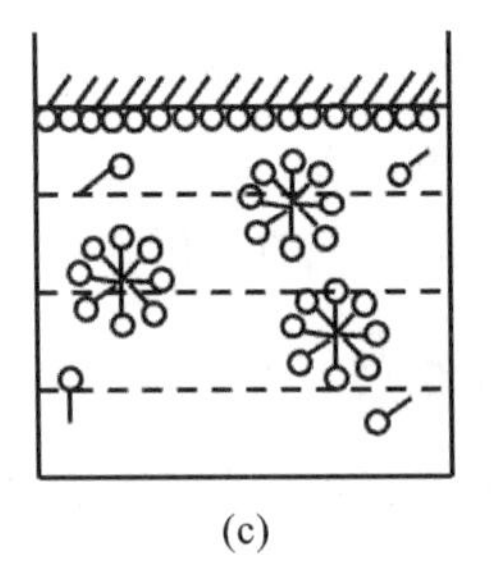

(c)

图 2-20-1　胶束形成过程示意图

(a)浓度<CMC;(b)浓度=CMC;(c)浓度>CMC

表面活性剂溶液的表面张力、渗透压、增溶作用等多种物理化学性质会因胶束的形成而发生突变,如图 2-20-2 所示,所以 CMC 是表面活性剂的一个重要性质。表面活性剂在药物制剂中有广泛的应用。中药制剂生产过程中,常利用表面活性剂的增溶、润湿、消泡、乳化等作用,将其作为辅料以达到相应的目的,如提高中药栓剂、片剂中的分散润湿能力,解决中药注射剂稳定性和澄清度的问题,改变中药外用搽剂、膏剂的亲水性或亲油性。少量的非离子型表面活性剂吐温 80 可使中药抗癌药物形成 O/W 型乳剂,以提高药物的吸收利用率。可见,表面活性剂的种类及用量对药物疗效与用药安全有直接的影响。

测定 CMC 的方法有很多,如溶解度法、增溶法、表面张力法、电导法、紫外分光光度法等。

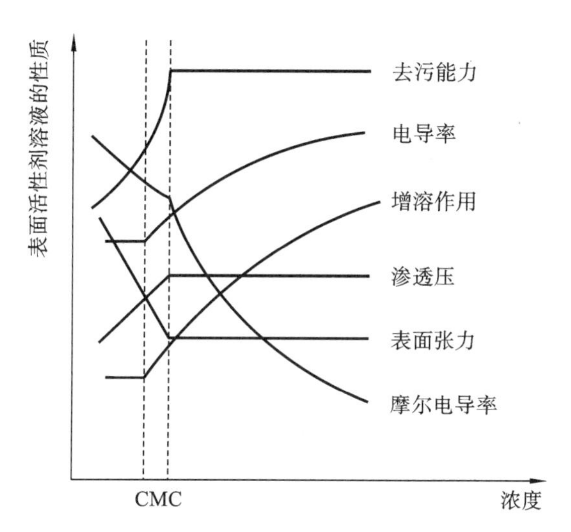

图 2-20-2 表面活性剂溶液的物理化学性质与浓度的关系

本实验采用电导法测定十二烷基硫酸钠溶液的 CMC。测定不同浓度溶液的电导率(κ)，绘制 κ-c 图，曲线转折点对应的浓度即为 CMC。

也可由下式计算出摩尔电导率(Λ_m)。

$$\Lambda_m = \frac{\kappa}{c} \tag{2-20-1}$$

式中，c 的单位是 $mol \cdot m^{-3}$。绘制 Λ_m-c 图，曲线转折点对应的浓度也为 CMC。

三、仪器与试剂

1. 仪器

恒温水浴箱，分析天平，电导率仪 1 台，铂黑电极 1 支，100 mL 容量瓶 14 个，10 mL 刻度移液管 1 支等。

2. 试剂

氯化钾(AR)，十二烷基硫酸钠(AR)，去离子水等。

四、实验步骤

(1) 打开恒温水浴箱调节温度至实验所需温度。打开电导率仪电源开关，预热 20 min。

(2) 将十二烷基硫酸钠置于 80 ℃烘箱中干燥 3 h 后，用去离子水准确配制 0.2000 $mol \cdot L^{-1}$ 的十二烷基硫酸钠储备溶液 100 mL，备用。

(3) 使用 0.2000 $mol \cdot L^{-1}$ 的十二烷基硫酸钠储备溶液，准确配制 0.002 $mol \cdot L^{-1}$、0.004 $mol \cdot L^{-1}$、0.006 $mol \cdot L^{-1}$、0.007 $mol \cdot L^{-1}$、0.008 $mol \cdot L^{-1}$、0.009 $mol \cdot L^{-1}$、0.010 $mol \cdot L^{-1}$、0.012 $mol \cdot L^{-1}$、0.014 $mol \cdot L^{-1}$、0.016 $mol \cdot L^{-1}$、0.018 $mol \cdot L^{-1}$、0.020 $mol \cdot L^{-1}$ 的十二烷基硫酸钠溶液各 100 mL，置于恒温水浴箱中待测，同时放入空白溶液(去离子水)。

(4) 用去离子水配制 0.01 $mol \cdot L^{-1}$ 的 KCl 标准溶液 100 mL，置于恒温水浴箱中 10 min 后，标定电导率仪的电导池常数。

(5) 待溶液恒温 10 min 以上，从稀到浓分别测定其电导率；测定时用待测溶液充分荡洗电导池 3 次以上，待测溶液在测定时必须恒温，测定 3 次，取平均值。

(6) 实验结束后洗净电极。

五、实验数据记录与处理

(1) 在表 2-20-1 中记录不同浓度溶液的电导率(κ)，计算摩尔电导率(Λ_m)。

表 2-20-1　不同浓度十二烷基硫酸钠溶液的电导率

室温：________　恒温水浴箱温度：________　电极常数：________　去离子水的电导率：________

项目	浓度(c)/($mol \cdot L^{-1}$)					
	0.002	0.004	0.006	0.007	0.008	0.009
1						
2						
3						
平均 κ						
摩尔电导率(Λ_m)						
项目	浓度(c)/($mol \cdot L^{-1}$)					
	0.010	0.012	0.014	0.016	0.018	0.020
1						
2						
3						
平均 κ						
摩尔电导率(Λ_m)						

(2) 绘制 κ-c 图或 Λ_m-c 图，由曲线转折点确定 CMC。

六、实验注意事项

(1) 配制十二烷基硫酸钠溶液时，忌猛烈振摇，以免产生大量泡沫影响实验。

(2) 电极不使用时应浸泡在去离子水中，用滤纸擦拭电极时不能碰触到铂黑。

(3) 分别对图中转折点前、后的数据进行线性拟合，找出两条直线，这两条直线交点对应的溶液浓度即为该表面活性剂的 CMC。

七、思考题

(1) 若要验证本次实验所测得的 CMC 是否准确，可用哪些实验方法？

(2) 简述电导法测定 CMC 的原理。

八、实验讨论与拓展

表面活性剂在中药有效成分提取、药物制剂等方面有广泛的应用。在软膏基质中加入表面活性剂，可利用其润湿作用使药物很好地润湿皮肤，增加药物与皮肤的接触面积，更有利于药物的吸收。片剂中的表面活性剂可以使药物颗粒表面易被润湿，有利于颗粒的制备、压片和崩解。

表面活性剂通过形成胶束，可增加药物在水中的溶解度。制药工业中常用吐温类、聚氧乙烯蓖麻油等表面活性剂作为增溶剂。如维生素 D_2 在水中基本不溶，加入 5% 聚氧乙烯蓖麻油后，溶解度可达 1.525 $mg \cdot mL^{-1}$。其他脂溶性维生素、磺胺类、甾体激素类、抗生素类以及镇痛药、镇静剂等药物均可通过表面活性剂的增溶作用或乳化作用制成具有较高浓度的澄清溶液供内服、外用甚至注射。

表面活性剂在中药提取方面也有重要意义。植物药材用于入药的叶、根、茎部位不易润湿，影响了溶剂对药材的渗透和提取，表面活性剂可改变溶剂与药材之间的界面张力，改善药材的润湿性，有利于有效成分的提取。此外，表面活性剂在溶液中形成胶束，可增加药物有效成分在溶剂中的溶解度。表面活性剂因其具有辅助提取效率高、生产成本低、环保实用的特点，被广泛应用于中药提取中。

（遵义医科大学　满雪玉）

实验二十一　药物活性成分的电化学行为

扫码看 PPT

实验预习内容

1. 查阅文献资料，选择研究课题，确定测定的活性成分。
2. 设计实验方案，进行可行性分析。
3. 电化学工作站仪器操作注意事项和实验原理。

一、目的要求

（1）掌握循环伏安法测定的原理。

（2）熟悉药物活性成分的电化学测定方法，培养独立思考、综合运用知识设计实验的能力。

（3）了解化学修饰电极的特点和主要常用制备方法。

二、实验原理

循环伏安法(cyclic voltammetry，CV)是一种广泛应用的电化学方法，可用于电极反应的性质、机理和电极过程动力学参数的研究，以及定量确定反应物浓度等。循环伏安法是在工作电极，如在铂电极或玻碳电极上，加上对称的三角波扫描电势以不同的速率，从起始电势 E_0 开始扫描到终止电势 E 之后，再回扫至起始电势 E_0，随时间以三角波形一次或多次反复扫描，电势范围是使电极上能交替发生不同的还原和氧化反应，记录电流-电势(I-E)曲线(图 2-21-1)，根据电解过程中的电流和电位曲线，对待测物进行定性和定量分析的方法。为了提高电极的灵敏度和选择性，人们将具有某种功能的修饰材料(分子、离子、聚合物等)，通过化学或者物理方法，如共价键合、吸附、聚合等方法有目的地对电极表面进行设计和修饰，进而得到具有特定功能的电极，称为化学修饰电极。化学修饰电极自 20 世纪 70 年代发展以来，在电化学和电分析领域得到广泛应用。

如图 2-21-1 所示，图中上半部分是三角波扫描的前半部，记录峰形的阴极波；下半部分是三角波扫描的后半部，记录峰形的阳极波。一次三角波电势扫描电极上完成一个还原-氧化循环，根据循环伏安图的波形及其峰电势(E_{pc} 和 E_{pa})和峰电流(I_{pc} 和 I_{pa})可以判断电极反应的机理。

如果峰电流与扫描速率呈线性关系，表示电极反应为吸附控制过程；如果峰电流与扫描速率的平方根呈线性关系，表示电极反应为扩散控制过程。根据曲线形状可以判断电极反应的可逆程度，中间体、相界面吸附或新相形成的可能性，以及偶联化学反应的性质等。

对于一个符合能斯特(Nernst)过程的可逆电极反应，在 25 ℃时，其循环伏安图有如下特征。

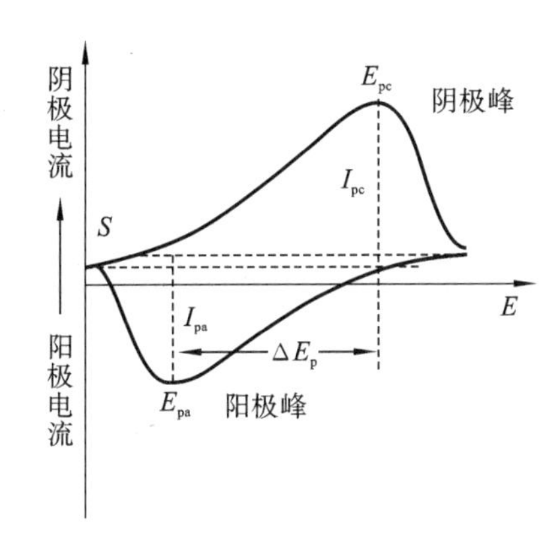

图 2-21-1 循环伏安曲线

1. 电势响应的性质

可逆电对的还原电势(formal reduction potential)$E^{\ominus}$是阳极峰电势(E_{pa})与阴极峰电势(E_{pc})的中间值,即

$$E^{\ominus}=\frac{1}{2}(E_{pa}+E_{pc}) \tag{2-21-1}$$

阳极峰电势与阴极峰电势之差 ΔE_p 为

$$\Delta E_p = E_{pa}-E_{pc}=\frac{57\sim 63}{n}(\text{mV}) \tag{2-21-2}$$

因此,电极反应中所转移的电子数 n,对可逆电对来说,可以根据两个峰电势间的差值估算。电极表面的电子转移及不可逆性,都会引起 ΔE_p 的增加。峰电势在一定的扫描速率范围内与扫描速率无关。

2. 电流响应的性质

阳极峰电流用 I_{pa}表示,阴极峰电流用 I_{pc}表示,峰电流正比于浓度,对可逆电对,即有

$$\frac{I_{pa}}{I_{pc}}\approx 1 \tag{2-21-3}$$

峰电流比值明显受到电极反应过程中偶联的化学反应的影响。

三、仪器与试剂

1. 仪器

chi660E 电化学工作站,计算机,CJJ79-1 磁力搅拌器,电解槽,移液枪,红外烤灯,HS-3D 酸度计等。

2. 试剂

高纯水,Al_2O_3抛光粉,0.001 mol·L^{-1}铁氰化钾溶液(含 0.1 mol·L^{-1}氯化钾),氯化钾,活性成分标准品,0.1 mol·L^{-1} pH 7.0 磷酸盐缓冲液(PBS)等。

四、实验步骤

1. 电化学工作站的调试

使用前,先将电源线与电极连接,红夹线接辅助电极,绿夹线接工作电极,白夹线接参比电极(图 2-21-2)。电源线连接好后,将三电极插入电解池中,打开工作站开关。双击计算机桌面上的“chi”图标,打开 CHI 工作站控制界面。

2. 待测溶液的配制

根据活性成分的性质,查阅文献资料选择合适的缓冲体系配制成溶液,备用。

扫码看彩图

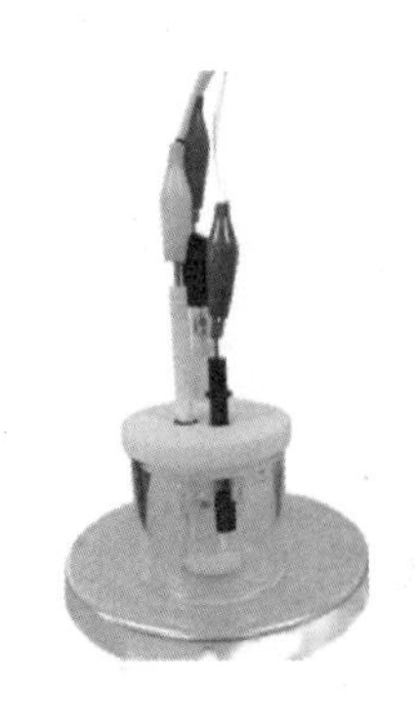

图 2-21-2　电化学工作站

3. 裸玻碳电极的电化学行为

将裸玻碳电极在麂皮上用抛光粉抛光后清洗至镜面状，晾干。接好三电极，打开电化学工作站，在菜单中设置相应工作参数，测定裸玻碳电极在铁氰化钾溶液中的循环伏安行为，打磨至符合要求后，测定活性成分溶液在裸玻碳电极上的氧化还原行为。对测定的结果做好数据保存工作。

4. 化学修饰电极的制备

将裸玻碳电极在麂皮上用抛光粉抛光后清洗至镜面状，晾干。接好三电极，打开电化学工作站，在菜单中设置相应工作参数，测定裸玻碳电极在铁氰化钾溶液中的循环伏安行为，打磨至符合要求后，选择合适的方法对工作电极进行修饰，在红外灯下烤干，得到功能化的化学修饰电极。

5. 化学修饰电极的电化学行为

选用相应的方法，如循环伏安法或线性扫描伏安法等，利用制备所得的电化学传感器研究活性成分溶液的氧化还原行为，对测定的结果做好数据保存工作。

五、实验数据记录与处理

根据测定的需要，对实验过程中得到的原始数据做好保存工作，并记录不同条件的电流数据（以 pH 对电极制备条件的优化为例），数据记录于表 2-21-1 中，利用 origin 等软件进行绘图等处理。

表 2-21-1　扫描速率-最大氧化还原电流数据记录

pH	$I_{pa,max}$	$I_{pc,max}$

六、实验注意事项

（1）查阅相关文献，了解样品溶液测定方法。查阅文献时使用的关键词（供参考）有循环伏安法、电化学传感器、电化学和样品需要测定的成分等。

（2）参考相关文献拟定详细的实验方案，并独立实施。

（3）以小论文的形式给出实验报告，文中实验结果要有详细的分析和归纳总结。

七、思考题

（1）裸玻碳电极如何能更快、更好地打磨至符合要求？

(2) 化学修饰电极有什么优点?

八、实验讨论与拓展

电化学传感分析法具有选择性高、特异性强、灵敏度高、简便快速等优点,在微量和痕量分析中逐步成为一种具有发展前景的检测方法。随着纳米技术在各领域的广泛应用,新型纳米材料与电化学传感器结合为发展新型、灵敏的电化学传感分析系统提供了新的研究思路。目前电化学传感器在医药研究中多集中在利用电化学传感器检测药品中活性成分的氧化还原性质,或测定活性成分的含量,或快速检测某一成分。如 Nambudumada SP 等将十二烷基硫酸钠和 Triton X-100 复合表面活性剂固定在碳纳米管电极(STMCNTPE)上,通过循环伏安法研究了 L-酪氨酸和多巴胺的电催化氧化性能,并成功地用于牛乳和药物中 L-酪氨酸的分析。Behravan M 等基于还原氧化石墨烯(rGO)/金(Au)纳米粒子/聚吡咯(PPy)/纳米复合修饰玻碳电极(GCE),开发了一种测定阿霉素(DOX)的电化学新方法。

(黄河科技学院　侯巧芝)

实验二十二　中药的离子透析

扫码看 PPT

实验预习内容

1. 电导、电导率的概念，电导率的测定。
2. 电动现象，电泳测定的原理。

扫码看视频

一、目的要求

(1) 掌握离子透析的原理。

(2) 熟悉电导率仪的使用方法。

(3) 了解离子透析在中药治疗方面的应用。

二、实验原理

近年来临床上常用中药离子透析的方式来治疗疾病，此法对某些疾病的疗效很显著，在治疗中无不适感，易被人们所接受。

该法的治疗原理是在电场的作用下，药液中的离子向电性相反的电极迁移，离子在迁移过程中透过皮肤进入肌体内部，起到治疗作用。然而，凡是起到治疗作用的离子，不论是阳离子还是阴离子，都必须能透过皮肤，否则起不到治疗疾病的作用。

确定某一药物是否可用离子透析法治疗，取决于两点：①有效成分必须是离子；②粒径≤1 nm。

本实验的依据如下。

(1) 皮肤是半透膜，人造火棉胶也是一种半透膜，其特点是允许某些离子自由通过，而有些离子如高分子离子则不能通过。其通透性与皮肤相似，因此可用火棉胶模拟皮肤进行探讨。

(2) 离子通过半透膜进入蒸馏水中，中药离子透析液的电导率呈下降趋势，蒸馏水的电导率则呈增加趋势。

(3) 电透析法可以加快透析速度。

三、仪器与试剂

1. 仪器

电泳仪 1 台，直流稳压电源 1 台，电导率仪 1 台，电流表 1 个，秒表 1 只，石墨电极(或铂电极)2 个，电键、导线若干，1000 mL 烧杯 6 个，100 mL 烧杯 3 个，50 mL 量筒 1 个等。

2. 试剂

乙醚(AR)，无水乙醇(AR)，黄芪，当归，金银花，半透膜袋(火棉胶袋)若干个等。

四、实验步骤

1. 测定自来水的电导率

将 50 mL 自来水装入 100 mL 烧杯中，测定其电导率。

2. 测定蒸馏水的电导率

将 50 mL 蒸馏水装入 100 mL 烧杯中，测定其电导率。

3. 药液的制备

取 50 g 黄芪置于 1000 mL 烧杯中，加入 500 mL 蒸馏水煎煮 30 min，减压抽滤，取滤液备用。同法分别制备当归、金银花药液。

4. 药液电导率的测定

将 50 mL 黄芪药液装入 100 mL 烧杯中，测定其电导率。同法分别测定当归、金银花药液的电导率。

5. 中药离子透析液电导率的测定

在 1 个半透膜袋中装入 3 mL 的黄芪药液，放入已注入一定量蒸馏水的电泳仪中，使液面距电泳仪管口约 3 cm，于 0、5 min、10 min、15 min、20 min、25 min、30 min 时测定其(无电场存在时的)电导率。另取 1 个半透膜袋装入 3 mL 黄芪药液，同法放入电泳仪中，将两电极插入电泳仪两侧的支管中，按图 2-22-1 所示接好线路，接通电源，于 0、5 min、10 min、15 min、20 min、25 min、30 min 时测定其(有电场存在时的)电导率。

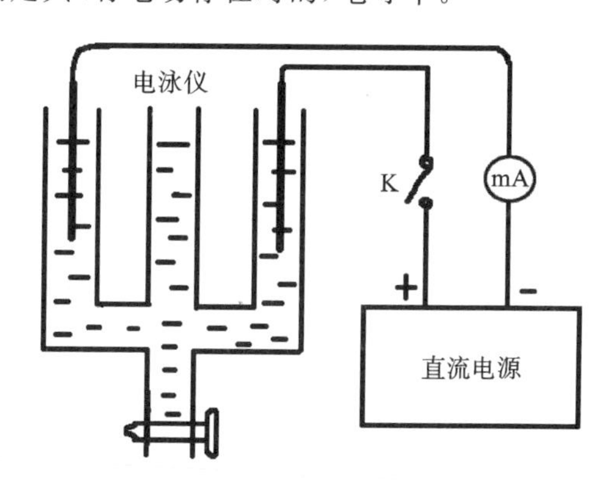

图 2-22-1　离子透析实验装置

用同样的方法分别测定当归、金银花的电导率。

五、实验数据记录与处理

记录实验数据并分别填入表 2-22-1 和表 2-22-2 中。

表 2-22-1　不同液体的电导率数据记录

样品名称	自来水	蒸馏水	黄芪药液	当归药液	金银花药液
电导率/($S\cdot m^{-1}$)					

表 2-22-2　黄芪、当归、金银花透析液电导率数据记录

时间/min	黄芪电导率/($S\cdot m^{-1}$)		当归电导率/($S\cdot m^{-1}$)		金银花电导率/($S\cdot m^{-1}$)	
	无电场	有电场	无电场	有电场	无电场	有电场
0						
5						
10						
15						
20						

续表

时间/min	黄芪电导率/(S·m^{-1})		当归电导率/(S·m^{-1})		金银花电导率/(S·m^{-1})	
	无电场	有电场	无电场	有电场	无电场	有电场
25						
30						

六、实验注意事项

(1) 注意电导率仪的正确使用方法。

(2) 使用电极时应该小心，电极使用完后，应该用蒸馏水浸泡。

七、思考题

(1) 为什么经皮肤给药能起到治疗疾病的作用?

(2) 目前有哪些中药可以用离子透析的方法治疗疾病?

八、实验讨论与拓展

临床上，采用中药离子透析法将具有一定药效的中药配方液在电场作用下通过皮肤给药，直接导入病灶部位，在关节炎、颈椎病、肺系疾病、眼科疾病的治疗方面应用十分广泛。

(河南中医药大学　李晓飞)

实验二十三　加速试验测定药物有效期

实验预习内容

扫码看 PPT

1. 分光光度计的使用方法。
2. 加速试验测定药物有效期的原理。

一、目的要求

(1) 掌握一级反应动力学方程。

(2) 熟悉加速试验测定药物有效期的方法。

(3) 了解药物化学稳定性的预测方法。

二、实验原理

考察药物制剂稳定性的方法有加速试验和长期试验(留样考察法),长期试验是在接近药物的实际储存条件下进行的,其目的是为制定药物的有效期提供依据,此法获得的数据准确但耗时长,因此可将药物置于高温、高湿等超常的环境中,通过加速试验利用反应动力学方程快速初步推断药物的有效期。

四环素属于广谱抗生素,其颜色为黄色或淡黄色,在干燥条件下极为稳定。在 pH<6 的酸性溶液中,四环素易发生脱水反应生成脱水四环素,加热能加速脱水反应的进行。由于脱水四环素分子中共轭双键的数目增多,其颜色变深,对光的吸收程度也变大。

四环素　　　　脱水四环素

脱水四环素在酸性溶液中为橙黄色,在 455 nm 波长处有最大吸收,其吸光度(A)与浓度(c)的关系符合朗伯-比尔定律,可利用分光光度法测定不同实验条件下脱水四环素的吸光度,从而求出反应速率常数和四环素在常温下的有效期。

四环素在酸性溶液中变成脱水四环素的反应,在一定范围内属于一级反应。一级反应动力学方程为

$$\ln \frac{c_0}{c} = k \cdot t \qquad (2\text{-}23\text{-}1)$$

式中,c_0 为 $t=0$ 时反应物的浓度,c 为 t 时刻反应物的浓度,单位均为 $mol \cdot L^{-1}$。

设 x 为 t 时刻反应物消耗的浓度,则有 $c = c_0 - x$,代入式(2-23-1)可得

$$\ln \frac{c_0}{c_0 - x} = k \cdot t \tag{2-23-2}$$

用 A_∞ 表示反应进行完全时脱水四环素的吸光度，用 A_t 表示 t 时刻脱水四环素的吸光度。由于溶液的吸光度与脱水四环素的浓度具有函数关系，式(2-23-2)中的 c_0、x 可分别用 A_∞、A_t 代替，将 A_∞、A_t 代入式(2-23-2)可得

$$\ln \frac{A_\infty}{A_\infty - A_t} = k \cdot t \tag{2-23-3}$$

根据式(2-23-3)，用分光光度法测定不同时刻脱水四环素的浓度，可计算出在某个温度下的反应速率常数 k。在不同温度下进行实验，可得到不同温度下的反应速率常数 k。依据阿仑尼乌斯公式 $\ln k = -\frac{E_a}{RT} + \ln A$，用 $\ln k$ 对 $\frac{1}{T}$ 作图，可得一条直线，将直线外推到 $T=298.15$ K 处，即可得到该反应在 298.15 K 时的反应速率常数 $k_{298.15}$，然后通过式(2-23-4)可计算出药物在常温下的有效期 $t_{0.9}$。

$$t_{0.9} = \frac{0.1054}{k_{298.15}} \tag{2-23-4}$$

三、仪器与试剂

1. 仪器

可见分光光度计 1 台，25 mL 具塞比色管 21 支，500 mL 烧杯 5 个，恒温水浴箱，电磁炉，不锈钢盆或平底锅等。

2. 试剂

四环素片，盐酸(AR)等。

四、实验步骤

(1) 称取 500 mg 四环素片，溶于 500 mL pH=3 的稀盐酸中配成溶液，静置，使用时取上清液。

(2) 将四环素上清液装入 25 mL 比色管内，每支 10 mL，共 21 支，盖好塞子。

(3) 调节恒温水浴箱的温度分别至 338.15 K、343.15 K、348.15 K 和 353.15 K，每个水浴箱中放入 5 支装有四环素上清液的比色管。在 338.15 K 的恒温水浴箱中，每隔 30 min 取出 1 支比色管；在 343.15 K 的恒温水浴箱中，每隔 25 min 取出 1 支比色管；在 348.15 K 的恒温水浴箱中，每隔 20 min 取出 1 支比色管；在 353.15 K 的恒温水浴箱中，每隔 10 min 取出 1 支比色管。将从水浴箱中取出的比色管迅速置于冰水中使溶液冷却。以加热前的四环素上清液为空白溶液，在 445 nm 波长处测定溶液吸光度 A_t，填入表 2-23-1 中。

(4) 将 1 支装有四环素上清液的比色管放入沸水中，加热 1 h 后取出，冷却，在相同的实验条件下，测其吸光度 A_∞。

五、实验数据记录与处理

(1) 将实验数据记录于表 2-23-1 中。

表 2-23-1　不同温度下溶液的吸光度 A_t 数据记录

室温：________　A_∞：________

编号	T/K			
	338.15	343.15	348.15	353.15
1				

续表

编号	T/K			
	338.15	343.15	348.15	353.15
2				
3				
4				
5				

(2) 依据式(2-23-3),通过 Excel 作图求出 4 个不同温度下的反应速率常数 k,并计算 $\ln k$,填入表 2-23-2 中。

表 2-23-2 不同温度下反应速率常数 k 数据记录

项目	T/K			
	338.15	343.15	348.15	353.15
$1/T$				
k				
$\ln k$				

(3) 用 $\ln k$ 对 $\frac{1}{T}$ 作图,将直线外推至 $T=298.15$ K 处,求出 298.15 K 时的反应速率常数 $k_{298.15}$,再根据式(2-23-4),求出四环素在 $T=298.15$ K、pH=3 溶液中的有效期。

六、实验注意事项

(1) 水浴加热时需严格控制恒温时间,按时取出样品。

(2) 测定溶液吸光度时,应待溶液温度回升至室温时测量,以免温度过低而导致比色皿起雾,影响测定。

七、思考题

(1) 本实验是否要严格控制温度?为什么?

(2) 经过升温处理的样品,从恒温水浴箱中取出后为何需用冰水迅速冷却?

八、实验讨论与拓展

稳定性试验的目的是考察药物制剂在温度、湿度、光线影响下化学性质、物理性质和微生物状态随时间变化的规律,为药品的生产、包装、储存、运输条件提供科学依据,同时通过试验确定药物的有效期。稳定性试验包括影响因素试验、加速试验和长期试验。影响因素试验通常是考察未包装的制剂在高温、高湿、强光下的稳定性。加速试验是为了考察完整包装下制剂耐受极端条件的能力,其目的是通过加速药物制剂的化学或物理变化,为处方设计、工艺改进、质量研究、包装改进、运输和储存条件设置提供必要的资料。长期试验在接近药物的实际储存条件下进行,其目的是为制定药物的有效期提供依据。有些药物还应考察临用时配制和使用过程中的稳定性。

研究化学药物(原料药和制剂)稳定性和有效期的详细方法可参见《中国药典》(2020 年版)中"原料药物与制剂稳定性试验指导原则"。

(遵义医科大学 满雪玉)

实验二十四　加速试验测定维生素 C 注射液的稳定性

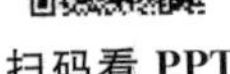

实验预习内容

1. 一级反应动力学方程及其特征。
2. 温度对反应速率的影响，阿仑尼乌斯公式。

一、目的要求

(1) 掌握应用化学动力学方法预测维生素 C 注射液稳定性的原理。

(2) 熟悉应用恒温加速试验测定维生素 C 注射液有效期的方法。

(3) 了解留样考察法、加速试验的优缺点。

二、实验原理

维生素 C 又名抗坏血酸，是水溶性维生素中的一种，是维持人体正常新陈代谢和生理功能的必需物质；人体自身不能合成维生素 C，如果不能及时获得，会出现相应的病症，如维生素 C 缺乏症、感冒、克山病、重金属中毒、贫血等。由于维生素 C 的重要作用，其在临床上有着广泛的应用，其中以注射液最为常用。其分子结构中，在羰基比邻的位置上有两个烯醇基，很容易被氧化，在有氧和无氧条件下都可以被氧化。影响维生素 C 溶液稳定性的因素很多，例如氧气、pH、金属离子、温度及光线等；对于固体维生素 C，水分与湿度影响很大。在研究制剂的稳定性以确定其有效期时，室温留样考察法（长期试验）虽结果可靠，但所需时间较长（一般考察 2～3 年），而加速试验可在较短时间内对有效期或储存期做出初步的估计。

维生素 C 的含量测定采用碘量法，主要利用维生素 C 的还原性，可与碘液定量反应，反应式如下：

$$\text{(维生素 C)} + I_2 \longrightarrow \text{(脱氢产物)} + 2HI$$

本实验利用恒温加速试验计算维生素 C 注射液在常温下的保存时间。

在不同温度下，分别测定所取维生素 C 样品在各实验温度和规定时间的标准碘液消耗量。将零时间样品所消耗标准碘液的体积记为初始体积 V_0，作为 100% 相对浓度标准，用各实验温度和时间下测定的标准碘液消耗的体积 V 与 V_0 相比，则可得到各实验温度和时间下的维生素 C 样品的相对浓度 c_t（%），计算方法如下：

$$c_t(\%) = \frac{V}{V_0} \times 100\% \tag{2-24-1}$$

对于一级反应，有

$$\lg c_t = -\frac{k}{2.303}t + \lg c_0 \qquad (2\text{-}24\text{-}2)$$

用各实验温度下的 $\lg c_t$ 对 t 分别作图，由直线的斜率可分别求出各实验温度下的反应速率常数 k_T。

根据阿仑尼乌斯公式，有

$$\lg k_T = -\frac{E_a}{2.303RT} + \lg A \qquad (2\text{-}24\text{-}3)$$

将求得的各实验温度下的反应速率常数 k_T 和对应温度 T，代入上述公式，以 $\lg k_T$ 对 $\frac{1}{T}$ 作图，可得一直线，根据直线外推至 298.15 K 时的 $\lg k_{298.15}$，可求出室温下的反应速率常数 $k_{298.15}$。

按公式 $\lg c_t = -\frac{k_{298.15}}{2.303}t + \lg c_0$，计算维生素 C 分解 10%需要的时间，即为维生素 C 注射液在室温 25 ℃(298.15K)时的有效期。

三、仪器与试剂

1. 仪器

25 mL 酸式滴定管 1 支，1 mL 移液管 1 支，250 mL 碘量瓶 3 个，100 mL 烧杯 1 个，500 mL 洗瓶 1 个，恒温水浴箱，冰箱等。

2. 试剂

维生素 C 注射液(5 mL)，碘液($0.1000\ mol \cdot L^{-1}$)，丙酮(AR)，醋酸($2\ mol \cdot L^{-1}$)，淀粉指示剂等。

四、实验步骤

1. 加速试验

(1) 实验温度及取样时间：将同一批号的 4 支维生素 C 安瓿注射液样品分别用纱布包好置于 4 个不同温度(70 ℃、80 ℃、90 ℃、100 ℃)的恒温水浴箱中，按一定间隔时间取样(70 ℃间隔 24 h，80 ℃间隔 12 h，90 ℃间隔 6 h，100 ℃间隔 3 h)。

(2) 实验方法：待注射液温度升至水浴温度时，立即取样(作为零时间样品)并开始计时。然后，按规定间隔时间取样，用冰水浴冷却后立即测定。

2. 维生素 C 相对浓度测定方法

将每次取样的安瓿内的维生素 C 注射液充分摇匀，精密量取 1 mL，置于 250 mL 碘量瓶中，加蒸馏水 15 mL、丙酮 2 mL，摇匀，放置 5 min，分别加 $2\ mol \cdot L^{-1}$ 醋酸 4 mL 和淀粉指示剂 1 mL，用 $0.1000\ mol \cdot L^{-1}$ 碘液滴定至溶液显蓝色并持续 30 s 不褪色。记录每次测定消耗碘液的体积 V。

五、实验数据记录与处理

1. 求各实验温度下维生素 C 的反应速率常数

根据式(2-24-2)，用各实验温度下的 $\lg c_t$ 对 t 分别作图，由直线的斜率分别求出各实验温度下的反应速率常数 k_T，记录于表 2-24-1、表 2-24-2 中。

表 2-24-1　不同温度下维生素 C 相对浓度的数据记录

项目	1	2	3	4	5
T					

续表

项目	1	2	3	4	5
V					
$c_t/(\%)$					
$\lg c_t$					

表 2-24-2　不同温度下反应速率常数的数据记录

项目	1	2	3	4
T				
k_T				
$\lg k_T$				
$\frac{1}{T}$				

2. 室温下有效期的预测

(1) 室温下的反应速率常数 $k_{298.15}$：将求得的各实验温度下的反应速率常数 k_T 和对应温度 T，根据式(2-24-3)，以 $\lg k_T$ 对 $\frac{1}{T}$ 作图得一直线，根据直线外推至 298.15 K 时的 $\lg k_{298.15}$，求出室温下的反应速率常数 $k_{298.15}$。

(2) 室温下的有效期：按式(2-24-2)，计算维生素 C 分解 10%需要的时间。

六、实验注意事项

(1) 实验中所用维生素 C 注射液应使用同一批号。为了提高有效期预测结果的准确性，实验温度至少应取 4 个温度，取样间隔时间依实验温度而不同，低温时取样间隔时间较长，温度高时取样间隔时间较短，取样点至少 4 个。

(2) 测定维生素 C 含量所用的碘液，如果前后一致(即同一瓶碘液)，则碘液的浓度不必精确标定；否则碘液的浓度必须精确标定。如碘液浓度一致，维生素 C 注射液的含量也可不必计算，只比较各次消耗的碘液体积即可。

(3) 在维生素 C 含量测定过程中，加丙酮的目的是消除维生素 C 注射液中其他强还原性成分对维生素 C 含量的影响。因为维生素 C 易氧化，为了避免氧化反应的发生，若加亚硫酸氢钠作为抗氧化剂，亚硫酸氢钠的还原性比烯二醇基更强，首先与碘发生反应而消耗碘液，从而影响维生素 C 的含量测定。

(4) 在含量测定时，维生素 C 分子中的烯二醇基具有还原性，特别是在碱性条件下，在空气中极易氧化，故在测定维生素 C 含量时可加入一定量的醋酸，使保持一定的酸性，从而降低维生素 C 受碘以外其他氧化剂的影响。

(5) 加速试验后测定维生素 C 含量时，应将安瓿内注射液混匀(所用容器要洁净干燥)后，再取样测定。

七、思考题

(1) 恒温加速试验的理论依据是什么？

(2) 维生素 C 注射液的稳定性受哪些因素影响？

八、实验讨论与拓展

维生素 C 含量的测定方法很多，主要有滴定分析法和仪器分析法。滴定分析法主要有

2,6-二氯靛酚法和碘量法,仪器分析法主要有间接光度法和紫外光度法、光电比浊法、高效液相色谱法(HPLC)、极谱法等。间接光度法、紫外光度法和光电比浊法比较适合同时测定还原型维生素 C 和氧化型维生素 C;高效液相色谱法(HPLC)和极谱法所用仪器价格昂贵;滴定分析法中 2,6-二氯靛酚法试剂价格较贵,而碘量法方法成熟,所需仪器简单,条件易控,具有快速方便、准确度和精密度较高的优点,因此碘量法是测定维生素 C 含量的一种有效的测定方法。

影响维生素 C 溶液稳定性的因素很多,采用碘量法和加速试验可在较短时间内,对维生素 C 制剂的有效期或储存期做出正确的估计,避免了室温下样品的长时间观察。

加速试验还可以应用于其他含维生素 C 的药品和食品有效期的快速测定。

(蚌埠医学院　李文戈)

实验二十五　三液系相图在药物增溶中的应用

扫码看 PPT

实验预习内容

1. 临界胶束浓度、增溶原理。
2. 为得到较好的增溶效果，增溶质、表面活性剂、溶剂的加入顺序是什么？

一、目的要求

(1) 掌握表面活性剂增溶的基本原理与方法。

(2) 熟悉影响药物增溶的因素，绘制薄荷油-吐温 20-水增溶相图。

(3) 了解常见的增溶剂。

二、实验原理

增溶是增加水中难溶性药物溶解度的常用方法。由于表面活性剂的"双亲结构"，当加入的表面活性剂的浓度达到或超过临界胶束浓度(CMC)时，系统中会形成胶束，难溶物进入胶束内部，从而发生增溶作用。具有增溶作用的表面活性剂称为增溶剂，被增溶的物质称为增溶质。对于以水为溶剂的药物，增溶剂的亲水-亲油平衡(HLB)值范围为 15～18。常用的增溶剂为聚山梨酯类(吐温类)和聚氧乙烯脂肪酸酯类等。药物增溶作用的效果会受到增溶剂的性质、增溶质的性质、增溶温度、增溶质的加入顺序等诸多因素影响。

布洛芬($C_{13}H_{18}O_2$，M=206.28 g/mol)为微白色结晶性粉末，在乙醇、丙酮、氯仿或乙醚中易溶，在水中几乎不溶。

$$(H_3C)_2CHCH_2-C_6H_4-CH(CH_3)-COOH$$

布洛芬

增溶相图制作原理：欲将一些在水中溶解度较小的药物制成水溶液，往往可以通过添加增溶剂(吐温 20、吐温 80 等)，增加其溶解度而制得符合治疗需要浓度的制剂，如一些含挥发油的制剂大蒜油注射液、假性近视眼药水(含薄荷油)等。因挥发油在水中溶解度小，不能直接制成临床所需浓度的澄清溶液，如一定量的薄荷油要制成澄清水溶液，若直接加入水中振摇，因油的溶解度小，溶液浑浊而不能制得澄清溶液，需添加足量的增溶剂方能形成澄清溶液。但有时这种澄清溶液用水稀释会再次析出油而使溶液变浑浊，这是油、增溶剂和水三者含量改变的缘故。若增溶剂配比得当，用水稀释可一直保持澄清。这在临床用药上是有现实意义的，可通过三组分相图(三元增溶相图)的研究来实现。

图 2-25-1 所示为薄荷油-吐温 20-水的增溶相图，图中曲线即为吐温 20 对薄荷油在水中的增溶曲线，曲线所包围的区域Ⅱ、Ⅳ是多相区，多相区内的任一比例均不能制得澄清溶液；曲线

包围区域以外的区域Ⅰ、Ⅲ是单相区，其中的任一比例均可制得澄清溶液。

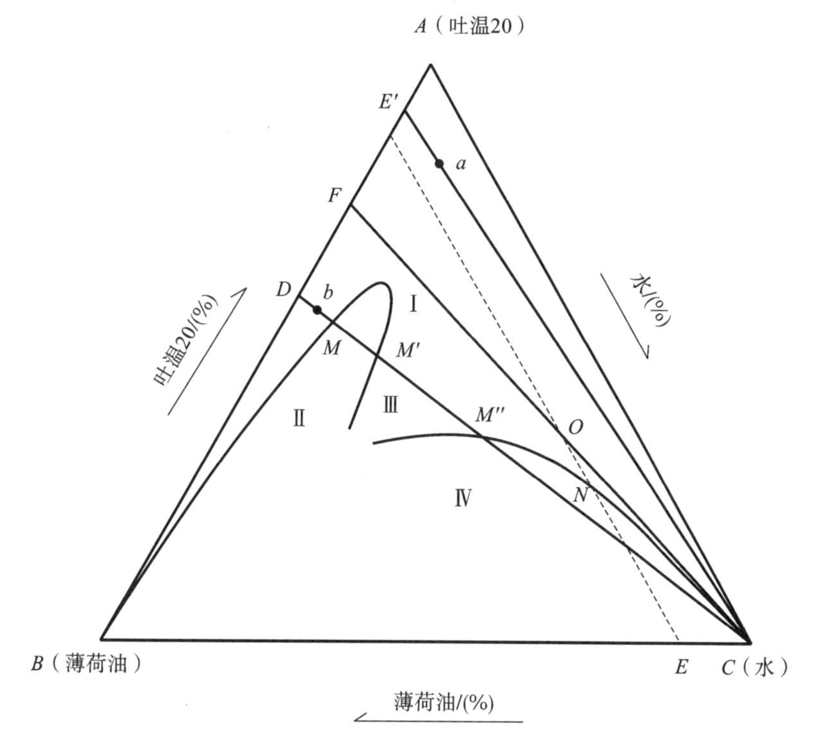

图 2-25-1 薄荷油-吐温 20-水的增溶相图

图中 a、b 分别代表两种不同比例的三组分溶液，因存在于单相区，都为澄清溶液。当分别加水稀释时，组分中水的百分比增加，体系中组分的百分比向 C 点方向变动。a 点加水稀释时，组分百分比沿 aC 方向移动，与增溶曲线不相交，组分不进入多相区，故 a 点的溶液不会因加水稀释而变浑浊。b 点在加水稀释过程中，组分百分比沿 bC 方向移动，与增溶曲线相交数次，随着水量的增加，bC 由单相区Ⅰ—多相区Ⅱ—单相区Ⅲ—多相区Ⅳ，最后始终在多相区，故溶液出现澄清—浑浊—澄清—浑浊的变化，最后一直保持浑浊。

增溶相图可用于解决以下问题。

(1) 用来说明油、增溶剂在不同比例时加水后溶解度的改变情况。例如油和增溶剂的组成在 D 点时，两者的混合液澄清，当逐渐加水稀释时，体系向 DC 方向移动。当开始出现浑浊时，体系的组成恰好落在 M 点上，此时，体系由单相区Ⅰ进入多相区Ⅱ。继续加水稀释，体系组成在 M'点时，溶液转为澄清。随水量不断增加，体系又落在 M''点上，溶液变浑浊，以后，由于 DC 线始终在多相区中，故溶液不会再变澄清。

(2) 可从相图中读出配制一定浓度的澄清薄荷油溶液需加入的增溶剂的最小量。例如配制 10％薄荷油澄清溶液至少应加多少吐温 20？首先在图 2-25-1 中的 BC 线上找到 10％薄荷油组成的 E 点，自 E 作 AC 边的平行线 EE'，EE'与增溶曲线相交于 N 点，N 点对应的吐温 20 的百分比即为配制 10％薄荷油澄清溶液应加入的吐温 20 的最小量。

(3) 可以在相图中找到配制一定浓度、经无限稀释也不会变浑浊的薄荷油澄清溶液的浓度范围及增溶剂的用量。通过图 2-25-1 的顶点 C 作曲线的切线 CF，凡此切线右上方的单相区内任一点的组成，加水稀释都不会出现浑浊。对 10％薄荷油溶液来说，EE'线与切线 CF 相交于 O 上，在 O 点的增溶剂与薄荷油的比例组成的体系可任意加水稀释而不变浑浊。

一般制作三元增溶相图的方法：先按不同比例称取增溶剂和增溶质混合均匀，再分别逐滴加水，同时搅拌，直至在规定时间内保持浑浊（真正达到平衡需要较长时间），记录消耗的水量；

继续逐滴加水并观察有无从浑浊转为澄清,再由澄清变浑浊的现象,记录每个转折点所消耗的水量。最后计算所有浑浊点处三组分的质量分数,在等边三角形中定点连线即可得到该温度和压力下的增溶相图。在不同温度和压力条件下所得的相图不同。

表面活性剂的增溶能力会由于三组分的加入顺序不同而出现差别,一般认为,先将增溶质与表面活性剂混合要比先将表面活性剂与溶剂混合的效果好。

图 2-25-2 所示为在坐标纸上绘制薄荷油-吐温 20-水的增溶相图。

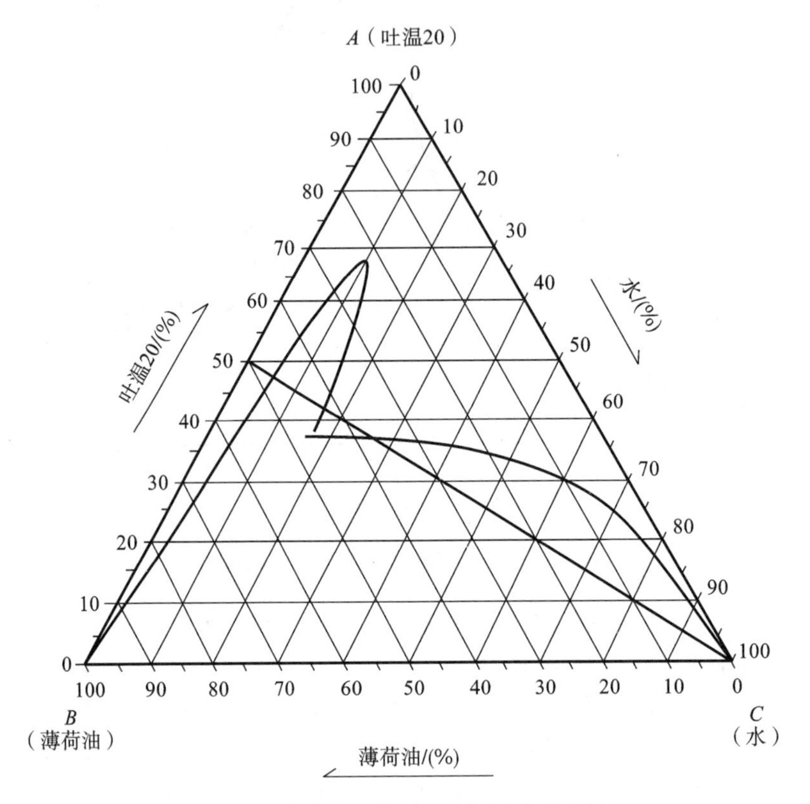

图 2-25-2　薄荷油-吐温 20-水的增溶相图绘制

三、仪器与试剂

1. 仪器

扭力天平,分光光度计,0.45 μm 微孔滤膜,100 mL 烧杯 6 个,25 mL 烧杯 10 个,1 mL、5 mL、50 mL 移液管各 1 支,100 mL 容量瓶 4 个,玻璃棒,胶头滴管等。

2. 试剂

吐温 20,吐温 80,布洛芬,薄荷油等。

四、实验步骤

(一) 增溶剂对难溶性药物的增溶作用

1. 吐温 80 加入顺序对布洛芬增溶的影响

(1) 取蒸馏水 50 mL 置于 100 mL 烧杯中,加布洛芬 50 mg,反复搅拌,放置 20 min,观察并记录布洛芬的溶解情况(溶液①)。

(2) 取蒸馏水 50 mL 置于 100 mL 烧杯中,加吐温 80 3 mL,搅拌均匀后,加布洛芬 50 mg,反复搅拌,放置 20 min,观察并记录布洛芬的溶解情况(溶液②)。

(3) 取布洛芬 50 mg 置于 100 mL 烧杯中,加吐温 80 3 mL,混匀,加蒸馏水 50 mL,反复

搅拌，放置 20 min，观察并记录布洛芬的溶解情况（溶液③）。（该溶液按以下方法计算溶解度）

2. 不同型号的吐温及温度对布洛芬增溶的影响

（1）取溶液③用 0.45 μm 微孔滤膜过滤，取滤液 0.5 mL，以蒸馏水稀释并定容至 100 mL，于波长 222 nm（$E_{1\,cm}^{1\%}$，449）处测吸光度，计算药物的溶解度。对照液为同量吐温，加蒸馏水 50 mL 搅拌均匀，取 0.5 mL 稀释并定容至 100 mL。

取布洛芬 50 mg 置于 100 mL 烧杯中，加吐温 20 3 mL，混匀，加蒸馏水 50 mL，反复搅拌，放置 20 min。同上法测定吸光度，计算药物的溶解度。

（2）取布洛芬 50 mg 置于 100 mL 烧杯中，加吐温 80 3 mL，混匀，加蒸馏水 50 mL，在 55 ℃恒温下搅拌，放置 20 min。冷却至室温后，同上法测吸光度，计算药物的溶解度。

同法测加入吐温 20 时，布洛芬在 55 ℃恒温下的溶解度。

（二）薄荷油-吐温 20-水增溶相图的绘制

按表 2-25-2 所示称量、记录。

取 25 mL 洁净烧杯及细玻璃棒，先称得两者质量，然后用扭力天平称量并记录加入的吐温 20，再小心加入薄荷油，搅匀，此时为澄清液体。用胶头滴管逐滴加蒸馏水，每加 1 滴，必须用玻璃棒充分搅匀，方可继续滴加下一滴蒸馏水，直至液体刚好从澄清变成浑浊，称量并记录总质量，计算滴入水的质量 W_1。再向此浑浊的液体中继续小心地逐滴加入蒸馏水，此时浑浊程度加大，但有时也会从浑浊变为澄清，称量并记录总质量，计算刚变为澄清时所加的水的质量 W_2（W_2包括 W_1在内）。继续逐滴加入蒸馏水，如又出现浑浊，称量并记录总质量，计算此时加入水的质量 W_3，如不再出现澄清即停止加水。

五、实验数据记录与处理

（1）观察溶液①、②、③的溶解情况，按照溶解情况排序；分析要得到较好的增溶效果，应如何排列药物、水、表面活性剂的加入顺序。

（2）将在室温、55 ℃恒温下，吐温 20、吐温 80 对布洛芬的增溶结果填入表 2-25-1 中，分析温度对增溶效果的影响。

表 2-25-1 不同温度下吐温 20、吐温 80 对布洛芬的增溶数据记录

药物	表面活性剂	溶解度/（g·100 mL^{-1}）	
		室温	55 ℃
布洛芬	吐温 20		
	吐温 80		

（3）增溶相图的绘制

根据表 2-25-2 中的数据记录，绘制增溶相图。

表 2-25-2 薄荷油-吐温 20-水增溶相图的数据记录

杯号	杯+玻璃棒/g	吐温 20/g	薄荷油/g	蒸馏水/g			吐温 20/(%)			薄荷油/(%)			蒸馏水/(%)		
				W_1	W_2	W_3	W_1	W_2	W_3	W_1	W_2	W_3	W_1	W_2	W_3
1		4.00	1.00												
2		3.90	1.10												
3		3.80	1.20												

续表

杯号	杯+玻璃棒/g	吐温20/g	薄荷油/g	蒸馏水/g			吐温20/(%)			薄荷油/(%)			蒸馏水/(%)		
				W_1	W_2	W_3	W_1	W_2	W_3	W_1	W_2	W_3	W_1	W_2	W_3
4		3.70	1.30												
5		3.30	1.70												
6		3.00	2.00												
7		2.40	2.60												
8		2.10	2.90												
9		0.80	4.20												
10		0.50	4.50												

六、实验注意事项

(1) 操作中各项条件应尽可能保持一致,如加药量、搅拌时间等。

(2) 增溶实验中,样品搅拌后应放置一段时间,以利于药物充分进入胶团。

七、思考题

(1) 由实验结果分析,影响水中难溶性药物增溶效果的主要因素有哪些?

(2) 通过实验测定表面活性剂的CMC,由已学知识,你可以想到哪些方法?依据是什么?

八、实验讨论与拓展

三元相图是药剂学中常用的一种相图,可以通过该类相图考察不同药物配伍的比例、相态变化等。增溶剂、乳化剂等都是一些表面活性剂,尽量少用以降低其毒性作用是药剂学中需要考虑的重要问题,通过三元相图可以确定增溶剂、乳化剂的最小用量。在纳米乳等新剂型开发中,可以由三元相图确定系统形成纳米乳的各成分比例范围,得到需要的剂型。

(云南中医药大学 魏泽英 高慧)

附　　录

附录 A　不同温度下水的物理性质(饱和蒸气压、表面张力、密度)

温度 /℃	p_{H_2O} /kPa	表面张力 /(mN·m^{-1})	密度 /(g·cm^{-3})	温度 /℃	p_{H_2O} /kPa	表面张力 /(mN·m^{-1})	密度 /(g·cm^{-3})
0.01	0.61165	75.65	0.99985	50	12.352	67.94	0.98803
2	0.70599	75.37	0.99994	52	13.631	67.61	0.98712
4	0.81355	75.08	0.99997	54	15.022	67.27	0.98617
6	0.93536	74.80	0.99994	56	16.533	66.93	0.98521
8	1.0730	74.51	0.99985	58	18.171	66.58	0.98421
10	1.2282	74.22	0.99970	60	19.946	66.24	0.98320
12	1.4028	73.93	0.99950	62	21.867	65.89	0.98216
14	1.5990	73.63	0.99925	64	23.943	65.54	0.98109
16	1.8188	73.34	0.99895	66	26.183	65.19	0.98000
18	2.0647	73.04	0.99860	68	28.599	64.84	0.97890
20	2.3393	72.74	0.99821	70	31.201	64.48	0.97776
22	2.6453	72.43	0.99777	72	34.000	64.12	0.97661
24	2.9858	72.13	0.99730	74	37.009	63.76	0.97544
25	3.1699	71.97	0.99705	76	40.239	63.40	0.97424
26	3.3639	71.82	0.99679	78	43.703	63.04	0.97303
28	3.7831	71.51	0.99624	80	47.414	62.67	0.97179
30	4.2470	71.19	0.99565	82	51.387	62.31	0.97053
32	4.7596	70.88	0.99503	84	55.635	61.94	0.96926
34	5.3251	70.56	0.99438	86	60.173	61.56	0.96796
36	5.9479	70.24	0.99369	88	65.017	61.19	0.96664
38	6.6328	69.92	0.99296	90	70.182	60.82	0.96531
40	7.3849	69.60	0.99222	92	75.684	60.44	0.96396
42	8.2096	69.27	0.99144	94	81.541	60.06	0.96258
44	9.1124	68.94	0.99063	96	87.771	59.68	0.96119
46	10.099	68.61	0.98979	98	94.390	59.30	0.95978
48	11.177	68.28	0.98893	100	101.42	58.91	0.95837

注:摘自 Haynes W M. CRC handbook of chemistry and physics[M]. 95th ed. Florida:CRC Press,2014-2015。

附录 B　不同温度下一些液体的表面张力　　单位：mN·m^{-1}

液体名称	10 ℃	25 ℃	50 ℃	75 ℃	100 ℃
丙烯醇	26.63	25.28	23.02	20.77	
苯胺		42.12	39.41	36.69	
丙酮	24.57	22.72	19.65		
乙腈		28.66	25.51		
苯乙酮		39.04	36.15	33.27	
苯		28.22	25.00	21.77	
溴苯	36.98	35.24	32.34	29.44	26.54
正己烷	19.42	17.89	15.33		
乙醚		16.65			
甲醇	23.23	22.07	20.14		
甲酸甲酯	26.72	24.36	20.43	16.50	12.57
二硫化碳	33.81	31.58	27.87		
噻吩		30.68	27.36		
甲苯	29.46	27.73	24.85	21.98	19.10
乙酸		27.10	24.61	22.13	
乙酸酐	34.08	31.93	28.34	24.75	21.16
氯苯	34.78	32.99	30.02	27.04	24.06
三氯甲烷		26.67	23.44	20.20	
四氯化碳		26.43	23.37	20.31	17.25
乙醇	23.22	21.97	19.89		
正庚烷	22.57	21.14	18.77	16.39	14.01
正十六烷		27.05	24.91	22.78	20.64

注：摘自 Haynes W M. CRC handbook of chemistry and physics[M]. 95th ed. Florida：CRC Press，2014-2015。

附录 C　不同温度下一些液体的黏度　　单位：mPa·s

液体名称	0 ℃	25 ℃	50 ℃	75 ℃	100 ℃
丙烯醇		1.218	0.759	0.505	
苯胺		3.847	2.029	1.247	0.850
丙酮	0.395	0.306	0.247		
乙腈	0.400	0.369	0.284	0.234	
苯乙酮		1.681			0.634
苯甲醇		5.474	2.760	1.618	1.055
苯		0.604	0.436	0.335	
溴苯	1.560	1.074	0.798	0.627	0.512
水	1.793	0.890	0.547	0.378	0.282
正己烷	0.405	0.300	0.240		
甘油		934	152	39.8	14.8
乙醚	0.283	0.224			

续表

液体名称	0 ℃	25 ℃	50 ℃	75 ℃	100 ℃
甲醇	0.793	0.544			
甲酸甲酯	0.424	0.325			
硝基苯	3.036	1.863	1.262	0.918	0.704
苯肼		13.0	4.553	1.850	0.848
汞		1.526	1.402	1.312	1.245
二硫化碳	0.429	0.352			
甲苯	0.778	0.560	0.424	0.333	0.270
乙酸		1.056	0.786	0.599	0.464
乙酸酐	1.241	0.843	0.614	0.472	0.377
氯苯	1.058	0.753	0.575	0.456	0.369
三氯甲烷	0.706	0.537	0.427	5.14	
四氯化碳	1.321	0.908	0.656	0.494	
乙醇	1.786	1.074	0.694	0.476	

注：摘自 Haynes W M. CRC handbook of chemistry and physics[M]. 95th ed. Florida:CRC Press,2014-2015。

（遵义医科大学　满雪玉）

附录 D　常用表面活性剂的临界胶束浓度(CMC)

表面活性剂	温度/℃	CMC/(mol·L^{-1})	表面活性剂	温度/℃	CMC/(mol·L^{-1})
氯化十六烷基三甲胺	25	1.6×10^{-2}	丁二酸二辛基磺酸钠	25	1.24×10^{-2}
溴化十六烷基三甲胺		9.12×10^{-5}	蔗糖单月桂酸酯		2.38×10^{-2}
溴化十六烷基吡啶		1.23×10^{-2}	蔗糖单棕榈酸酯		9.5×10^{-2}
辛烷基磺酸钠	25	1.5×10^{-1}	吐温 20	25	6×10^{-2} *
辛烷基硫酸酯	40	1.36×10^{-1}	吐温 40	25	3.1×10^{-2} *
十二烷基硫酸酯	40	8.6×10^{-3}	吐温 60	25	2.8×10^{-2} *
十四烷基硫酸酯	40	2.4×10^{-3}	吐温 65	25	5.0×10^{-2} *
十六烷基硫酸酯	40	5.8×10^{-4}	吐温 80	25	1.4×10^{-2} *
十八烷基硫酸酯	40	1.7×10^{-4}	吐温 85	25	2.3×10^{-2} *
硬脂酸钾	50	4.5×10^{-4}	油酸钾	50	1.2×10^{-3} *
氯化十二烷基胺	25	1.6×10^{-2}	松香酸钾	25	1.2×10^{-2} *
月硅酸钾	25	1.25×10^{-2}	辛基-β-D-葡萄糖苷	25	2.5×10^{-2} *
十二烷基磺酸酯	25	9.0×10^{-3}	对十二烷基苯磺酸钠	25	1.4×10^{-2} *
十二烷基聚乙二醇(6)醚	25	8.7×10^{-5}			

注：* 表示单位为 g·L^{-1}。

附录 E　常用表面活性剂的亲水-亲油平衡(HLB)值

表面活性剂	HLB	表面活性剂	HLB
阿拉伯胶	8.0	吐温 20	16.7
西黄蓍胶	13.0	吐温 40	15.6

续表

表面活性剂	HLB	表面活性剂	HLB
明胶	9.8	吐温 60	14.9
单硬脂酸丙二酯	3.4	吐温 65	10.5
单硬脂酸甘油酯	3.8	吐温 80	15.0
二硬脂酸乙二酯	1.5	吐温 85	11.0
单油酸二甘酯	6.1	卖泽 45	11.1
十二烷基硫酸钠	40.0	卖泽 49	15.0
司盘 20	8.6	卖泽 51	16.0
司盘 40	6.7	卖泽 52	16.9
司盘 60	4.7	聚氧乙烯 400 单月桂酸酯	13.1
司盘 65	2.1	聚氧乙烯 400 单硬脂酸酯	11.6
司盘 80	4.3	聚氧乙烯 400 单油酸酯	11.4
司盘 85	1.8	聚氧乙烯氢化蓖麻油	12～18
油酸钾	20.0	聚氧乙烯烷基酚	12.8
油酸钠	18.0	聚氧乙烯壬烷基酚醚	15.0
油酸三乙醇胺	12.0	西土马哥	16.4
卵磷脂	3.0	苄泽 30	9.5
蔗糖酯	5～13	苄泽 35	16.9
泊洛沙姆 188	16.0	阿特拉斯 G-263	25～30

（陆军军医大学　武丽萍）

参考文献

[1] 李三鸣. 物理化学[M]. 8 版. 北京:人民卫生出版社,2016.

[2] 李三鸣. 物理化学实验[M]. 北京:中国医药科技出版社,2007.

[3] 张师愚,陈振江. 物理化学实验[M]. 北京:中国医药科技出版社,2014.

[4] 崔福德. 药剂学实验指导[M]. 3 版. 北京:人民卫生出版社,2011.

[5] 金丽萍,邬时清. 物理化学实验[M]. 上海:华东理工大学出版社,2016.

[6] 庞素娟,吴洪达. 物理化学实验[M]. 武汉:华中科技大学出版社,2009.

[7] Prinith N S, Manjunatha J G, Hareesha N. Electrochemical validation of L-tyrosine with dopamine using composite surfactant modified carbon nanotube electrode[J]. Journal of the Iranian Chemical Society, 2021, 18: 3493-3503.

[8] 韩兰英,张智怡. 猕猴桃中维生素 C 稳定性的研究[J]. 上饶师范学院学报,2012,32(3): 68-72.

[9] 陈振江,孙波. 物理化学实验[M]. 北京:科学出版社,2015.

[10] 陈振江,邵江娟. 物理化学实验[M]. 北京:中国中医药出版社,2016.

[11] 张拴,赵忠孝. 化学基本技能与实训[M]. 西安:陕西科技出版社,2014.

[12] 李晓飞,杨静. 基础化学实验:有机化学和物理化学分册[M]. 北京:中国中医药出版社,2017.

[13] 安从俊. 物理化学实验[M]. 武汉:华中科技大学出版社,2011.

[14] 洪建和,王君霞,付风英. 物理化学实验[M]. 武汉:中国地质大学出版社,2016.

[15] 夏海涛. 物理化学实验[M]. 2 版. 南京:南京大学出版社,2011.

[16] 赵华文,何炜. 医学化学实验[M]. 北京:科学出版社,2019.

[17] 沈文霞,王喜章,许波连. 物理化学核心教程[M]. 北京:科学出版社,2016.

[18] 姜茹,魏泽英. 物理化学[M]. 北京:科学出版社,2017.

[19] 陈振江,魏泽英. 物理化学[M]. 北京:科学出版社,2015.

[20] 朱志昂,阮文娟. 物理化学[M]. 6 版. 北京:科学出版社,2018.

[21] 陈芳. 物理化学实验[M]. 武汉:武汉理工大学出版社,2013.

[22] 崔黎丽. 物理化学实验指导[M]. 3 版,北京:人民卫生出版社,2015.